NOUVEAU SPECTACLE

DE LA NATURE

OU

DIEU ET SES OEUVRES

IMPRIMÉ CHEZ PAUL RENOUARD,

RUE GARANCIÈRE, 5.

Nouveau Spectacle

DE LA NATURE

OU

DIEU ET SES OEUVRES

PAR MM.

VICTOR ET AMBROISE RENDU (FILS)

MAMMIFÈRES.

PARIS

PITOIS-LEVRAULT ET Cⁱᵉ, LIBRAIRES,

RUE LE LA HARPE, 81.

—

1840.

HISTOIRE NATURELLE

DES MAMMIFÈRES.*

Les œuvres du Seigneur sont grandes.

Psalm., 110, vers. 2.

CONSIDÉRATIONS PRÉLIMINAIRES.

L'histoire des mammifères nous présente les animaux que Dieu a créés pour être le plus immédiatement utiles à l'homme, qu'il a mis pour ainsi dire à son service; et qui en même temps semblent destinés par la perfection de leur organisation et le développement extraordinaire de leur instinct, à révéler plus particulièrement cette sagesse infinie dont toutes les choses de ce monde portent l'empreinte, et à exciter en nous la plus juste admiration, la reconnaissance

* La plupart des articles contenus dans ce Traité sont extraits de Buffon.

1.

la plus méritée. Quoi de plus étonnant, en effet, que cette fidélité inaltérable du chien, cette soumission si docile, cette affection si vive, dont un être intelligent aurait seul paru capable, mais que la Providence lui a si libéralement accordée pour en faire le serviteur de tous, l'ami des plus malheureux. Qui n'a été surpris quelquefois en voyant le cheval, le taureau lui-même, marcher à la voix d'un enfant, et au lieu de briser leurs entraves, soumettre humblement leur force à sa faiblesse! Quittons nos demeures, éloignons-nous de ces êtres qui ne vivent que pour nous obéir, que de prodiges encore au fond des déserts les plus sauvages, des plus solitaires forêts. Ici, c'est le singe qui exerce quelquefois à nos dépens sa malicieuse adresse, le castor, avec cette industrie si justement admirée, ou cette infatigable patience. Là, c'est le lion et toute la classe des animaux féroces dont rien n'égale la vigueur et la souplesse; la puissance leur a été donnée pour vaincre, mais aussi les êtres qu'ils attaquent ont pour se défendre les artifices de la ruse; c'est une lutte engagée où chaque parti a ses ressources, ou aucun ne succombera. Ce sont aussi les géans de la création, l'éléphant sur la terre, la baleine au fond des mers, qui n'abuseront jamais de leurs forces colossales : en leur donnant ces moyens redoutables, la Providence, dans sa sagesse, ne leur a-t-elle pas refusé l'instinct de détruire? Et ce qui est plus étonnant encore que toutes ces merveilles, c'est qu'un être plus faible, moins agile que la plupart de ces animaux, sait cependant par sa seule intelligence, s'en rendre maître, les dompter à son gré, manifestant ainsi d'une manière éclatante l'empire de l'esprit sur la matière. Que cette pensée nous accompagne toujours dans l'étude de toutes ces créatures admirables sans doute, mais placées dans un rang bien inférieur à l'homme ; qu'elle nous garde de l'erreur déplorable de ceux qui n'ont pas compris qu'ils outrageaient Dieu lui-même, en avilissant sa plus belle œuvre , en réduisant aux étroites proportions d'une substance matérielle , cette image de Dieu créée pour d'immortelles destinées. La régularité même des ouvrages dont la perfection nous étonne , l'impuissance des forces les plus prodigieuses quand elles luttent avec l'intelligence , ne suffisent-elles pas pour prouver qu'il y a en nous quelque chose de supérieur, et pour confondre ces penseurs égarés dans leurs faux systèmes , qui ont vérifié les paroles de la sainte écriture : *et l'homme était en honneur , et il ne l'a point compris , et il s'est assimilé aux animaux sans raison.*

Les mammifères sont caractérisés par la présence de mamelles , espèce de glandes qui sécrètent le lait destiné à servir de nourriture première aux jeunes animaux. La plupart ont le corps revêtu de poils ; leur nourriture varie suivant le genre de dentition.

Cette classe , l'homme excepté , se divise en huit ordres , savoir : les quadrumanes , les carnassiers , les marsupiaux , les rongeurs , les édentés , les pachydermes , les ruminans et les cétacés.

CHAPITRE Ier.

LES QUADRUMANES.

Les quadrumanes sont des mammifères onguiculés, pourvus de quatre mains. De tous les animaux, ce sont ceux dont l'extérieur ressemble le
plus à celui de l'homme. Ils possèdent trois sortes
de dents : des dents incisives, des canines et des
molaires ; leurs yeux sont dirigés en avant, et leurs
mamelles sont situées sur la poitrine.

Ces animaux sont essentiellement frugivores ; ils
se tiennent presque toujours sur les arbres, et ne
viennent que rarement à terre. En général, ils vivent en troupes composées d'une ou de plusieurs
familles ; et tel est leur instinct social, que, lorsqu'il s'agit de dévaster quelque champ, ils établissent certaines règles pour le pillage et la maraude.
Les uns font sentinelle, les autres se mettent en

chaîne, et passent de main en main les fruits qu'ils
volent, pour les mettre plus promptement en sù-
reté. Doués d'une pétulance et d'une vivacité ex-
traordinaires, ils sont sans cesse en mouvement,
occupés à s'élancer d'un arbre à l'autre, à se balancer suspendus aux branches, à sauter, gambader,
se grouper en mille postures ridicules, se faire
mutuellement des agaceries, et se battre ou s'amuser
ensemble

FIGURE 1.

Le singe.

Les singes aiment beaucoup à dérober; leur impudence, à cet égard, est sans bornes; mais ce qu'il y a de plus remarquable en eux, c'est, sans contredit, la faculté imitatrice qu'ils portent au suprême degré. La Condamine et Bouguer virent des singes les imiter, lorsqu'ils firent leurs observations pour la mesure de la terre; comme ces savans, les singes plantèrent des signaux, regardèrent les astres avec une lunette, coururent à un pendule, prirent la plume pour écrire, et suivirent de point en point tous les gestes de nos académiciens.

Plusieurs espèces de singes ont un instinct si développé, qu'on serait tenté au premier abord de leur accorder le don de l'intelligence, si leurs actions, constamment les mêmes, ne trahissaient l'absence du perfectionnement, et ne nous révélaient les ressources admirables certainement que leur a données la Providence pour leur conservation, mais qui n'ont réellement aucun rapport avec la raison, cet incomparable privilège de l'âme humaine. Les uns, comme les orangs-outangs, apprennent à exécuter tout ce qu'on leur enseigne: ils portent de l'eau, du bois, lavent la vaisselle, font le feu, déchaussent leur maître, le servent à table, dansent sur la corde et font la roue. Leurs passions sont très vives. Les mères soignent leurs petits avec une grande tendresse; elles les embrassent, les couvrent de caresses, les pressent entre leurs bras; le mâle et la femelle ont entre eux l'attachement le plus fort, et le témoignent par des caresses et des complaisances réciproques. Ils pleurent, gémissent, soupirent et rient comme nous. Pris jeunes, ils s'apprivoisent en général facilement, et montrent, à cet âge, beaucoup de douceur et de docilité; mais, plus tard, leur éducation offre plus de difficultés, la nature conserve son empire, et quand ils ne sont pas tout-à-fait intraitables, ils conservent toujours leur penchant à la ruse et au vol.

A l'exception d'une seule espèce qui vit sauvage, à Gibraltar, tous les singes appartiennent aux pays chauds. Transportés dans nos climats froids, ils périssent, pour la plupart, de consomption au bout de quelques années.

CHAPITRE II.

LES CARNASSIERS.

Les naturalistes ont rangé dans cet ordre tous les mammifères onguiculés dont la bouche est armée de dents incisives, laniaires et molaires, et qui n'ont point de pouce opposable aux extrémités antérieures. La plupart se font remarquer par un appétit très prononcé pour la chair, d'où leur est venue l'épithète de *carnassiers*. Ce groupe, le plus nombreux de toute la classe, renferme, entre autres genres, les chauve-souris, les hérissons, les taupes, les ours, les blaireaux, les putois, les martes, les chiens, les civettes, les hyènes et les chats.

LA CHAUVE-SOURIS.

Les chauve-souris sont des mammifères caractérisés par les extensions de la peau qui embrassent les intervalles de leurs membres et de leurs doigts,

FIGURE 2.

La chauve-souris.

et leur permettent ainsi de se soutenir dans l'air, et même d'y voler, lorsque les extrémités antérieures sont très développées. Ces animaux se tiennent, pendant le jour, dans les lieux sombres, et ne sortent qu'aux approches du crépuscule. La plupart vivent d'insectes et surtout de phalènes qu'ils saisissent en volant. Leur mouvement dans l'air est moins un vol qu'une espèce de voltigement incertain qu'ils semblent n'exécuter que par effort et d'une manière gauche ; ils ne s'élèvent jamais à une grande hauteur, et leur vol s'effectue toujours avec des variations brusques, dans une direction oblique et tortueuse. Dans nos climats, les chauve-souris passent l'hiver dans l'engourdissement ; elles se retirent dans les carrières, l'intérieur des arbres, les cavernes, les vieux édifices, et s'y suspendent aux voûtes par les extrémités postérieures, leurs ailes, en général, les enveloppant à la manière d'un manteau. Comme tous les mammifères, elles produisent leurs petits vivans. Nous en avons plusieurs espèces en France.

LE HÉRISSON.

La Providence a entouré cet animal de défenses inexpugnables. Voyez-le ; depuis la queue jusqu'à la tête, il est couvert d'épines si pointues, si serrées, qu'il est impossible d'arriver jusqu'à sa peau ; le dessous de son ventre, ses pieds et sa tête sont seuls vulnérables, mais il a la faculté de se rouler en boule et de ne présenter de toutes parts qu'une surface piquante. Plus on le tourmente, plus il se hérisse et se contracte ; aussi la plupart des chiens se contentent-ils de l'effrayer par leurs aboiemens et ne se soucient-ils pas de le saisir. Les hérissons sont des animaux tout-à-fait inoffensifs ; ils vivent de fruits, de limaçons, d'insectes et de vers. On les trouve dans les bois et les haies, où ils se tiennent tapis pendant tout le jour ; ils ne sortent de leur retraite que vers le soir, et passent toute la nuit à rôder. Ils sont répandus dans toute l'Europe.

LA MUSARAIGNE.

La musaraigne semble faire une nuance dans l'ordre des petits animaux, et remplir l'intervalle

qui se trouve entre le rat et la taupe, qui se ressemblent par leur petitesse, mais diffèrent beaucoup par
la forme et sont en tout d'espèces très éloignées. La
musaraigne plus petite encore que la souris, ressemble à la taupe par le museau, ayant le nez beaucoup plus allongé que les mâchoires, par les yeux
qui, quoiqu'un peu plus gros que ceux de la taupe,
sont cachés de même et sont beaucoup plus petits
que ceux de la souris; par le nombre des doigts
dont elle a cinq à tous les pieds; par les oreilles
enfin et par les dents. Ce très petit animal a une
odeur forte qui lui est particulière et qui répugne
aux chats; ils chassent et tuent la musaraigne,
mais ils ne la mangent pas comme la souris. C'est
apparemment cette mauvaise odeur et cette répu-
gnance des chats qui a fondé le préjugé du venin
de cet animal, et de sa morsure dangereuse pour le
bétail, surtout pour les chevaux; cependant il n'est
ni venimeux, ni même capable de mordre; car il
n'a pas l'ouverture de la gueule assez grande pour
pouvoir saisir la double épaisseur de la peau d'un
autre animal, ce qui cependant est absolument nécessaire pour mordre. Le musaraigne habite assez
communément, surtout pendant l'hiver, dans les
greniers à foin, dans les écuries, dans les granges,
dans les cours à fumier; elle mange du grain, des
insectes et des chairs pourries; on la trouve fréquemment à la campagne, dans les bois où elle vit
de graines. Elle se cache sous la mousse, sous les
feuilles, sous les troncs d'arbres, et quelquefois dans
les trous abandonnés par les taupes, ou dans des
trous plus petits qu'elle se pratique elle-même en
fouillant avec le museau et les ongles. La musaraigne produit en grand nombre, autant, dit-on, que

la souris, mais moins fréquemment. Elle a le cri beaucoup plus aigu que la souris, mais elle n'est pas aussi agile à beaucoup près : on la prend aisément parce qu'elle voit et court mal.

LA TAUPE.

Aveugle comme une taupe, dit le proverbe ; la taupe, en effet, a les yeux si petits, si couverts, que sa vue est nécessairement très bornée ; en revanche, la Providence a pourvu à sa conservation en la dotant d'une ouïe extrêmement fine et de moyens puissans pour se pratiquer un domicile, l'agrandir et y trouver, sans en sortir, les racines, les insectes et les vers qui lui assurent une subsistance abondante.

A l'aide de ses mains fortement musclées et armées d'ongles robustes et tranchans, la taupe déchire la terre, s'ouvre des galeries longues et tortueuses, et malgré sa faiblesse apparente, parvient à échapper à ses ennemis : une fois sa retraite établie, elle en ferme l'entrée et ne la quitte que très rarement.

La femelle met bas au printemps et produit quatre ou cinq petits à chaque portée ; le domicile où elle les place, révèle un instinct fort remarquable. La mère taupe commence par pousser, par élever la terre et former une voûte assez haute ; elle laisse des cloisons ou piliers de distance en distance ; elle presse et bat la terre, la mêle avec des racines et des herbes, et la rend si dure et si solide, que l'eau ne peut pénétrer la voûte, à cause de sa convexité. L'animal élève ensuite par-dessous un tertre, au sommet duquel il apporte de l'herbe et des feuilles pour faire un lit à ses petits. Dans cette situation, ceux-ci se trouvent au-dessus du niveau du terrain, et par conséquent à l'abri des inondations ordinaires, et en même temps à couvert de la pluie par la voûte qui recouvre le tertre sur lequel ils reposent. Ce tertre est percé tout autour de plusieurs trous en pente, qui descendent plus bas et s'étendent de tous côtés comme autant de routes souterraines, par où la mère-taupe peut sortir et aller chercher la nourriture nécessaire à ses petits : ces sentiers souterrains sont fermés et battus, ils s'étendent à douze ou quinze pas, et partent tous du domicile comme les rayons d'un centre.

Les taupes causent de grands dégâts dans les jeunes semis en bouleversant la terre dans tous les sens ; leurs buttes accumulées dans les prairies empêchent l'herbe de pousser ; on doit donc avoir soin de détruire les monticules à mesure qu'ils se forment et avoir recours aux pièges pour se débarrasser de ces animaux.

L'OURS.

De tous les animaux carnassiers, l'ours est sans contredit celui qui est le plus connu, sa popularité est devenue en quelque sorte proverbiale.

On distingue plusieurs espèces d'ours ; les plus remarquables sont : l'ours brun d'Europe, l'ours noir d'Amérique et l'ours blanc de la mer glaciale ; les deux premiers se voient fréquemment dans nos villes, où les bateleurs leur font exécuter des sarabandes plus ou moins bizarres.

FIGURE 3.

L'ours brun.

L'ours brun vit solitaire dans les hautes montagnes des Pyrénées, des Alpes et du Nord ; il fuit les lieux fréquentés par les hommes. Une caverne au milieu de rochers inaccessibles, le tronc d'un arbre antique, creusé par le temps, lui servent de retraite, il s'y retire pour passer une partie de l'hiver sans provisions. Cette époque est pour lui celle de l'hivernage ; cependant il n'est jamais tout-à-fait engourdi, ainsi que le loir, la marmotte ; comme il est excessivement gras vers la fin de l'automne, cette abondance de graisse lui aide à supporter le jeûne et il ne sort de sa bauge que lorsque la faim le presse

L'ours brun mâle dévore quelquefois ses jeunes oursons, lorsqu'il les trouve dans le nid ; la mère au contraire, les aime jusqu'à la fureur. Elle combat avec courage et s'expose aux plus grands dangers pour sauver ses petits. Ceux-ci sont l'objet de tous ses soins, elle leur prépare un lit de mousse au fond de sa caverne et les allaite jusqu'à ce qu'ils puissent sortir avec elle : elle met bas en hiver, et ses petits commencent à la suivre au printemps. Le mâle et la femelle n'habitent point ensemble, ils ont chacun leur demeure séparée et même fort éloignée l'une de l'autre.

La voix de l'ours brun est un grondement, un gros murmure souvent mêlé d'un frémissement de dents qu'il fait surtout entendre lorsqu'on l'irrite : il est très susceptible de colère, et sa colère tient toujours de la fureur et souvent du caprice. Quoiqu'il paraisse doux pour son maître et même obéissant lorsqu'il est apprivoisé, il faut toujours s'en défier. On lui apprend à se tenir debout, à gesticuler, à danser ; il semble même, dit Buffon, écouter le son des instrumens et suivre grossièrement la mesure, mais pour lui donner cette espèce d'éducation, il faut le prendre jeune et le contraindre pendant toute sa vie. L'ours qui a de l'âge ne s'apprivoise ni ne se contraint plus ; il est naturellement intrépide, ou tout au moins indifférent au danger.

L'ours sauvage ne se détourne pas de son chemin ; aperçoit-il un ennemi, il s'arrête un instant et se lève sur les pieds de derrière ; c'est le temps qu'il faut prendre pour le tirer et tâcher de le tuer ; car s'il n'est que blessé, il vient de furie se jeter sur le chasseur, et, l'embrassant des pattes de devant, il le serre jusqu'à l'étouffer.

L'ours noir d'Amérique présente à-peu-près les mêmes mœurs que l'ours d'Europe ; il est surtout répandu dans les forêts de la Louisiane et du Canada : jamais il n'habite dans les cavernes.

L'ours blanc, plus gros que les deux espèces précédentes, a le cou et la tête beaucoup plus longs, il en diffère encore par l'extrémité de ses pieds qui ressemble à celle des carnassiers de la race canine. On le rencontre principalement sur les glaces des mers du pôle arctique. Lorsqu'il trouve quelque proie sur la terre, il ne se donne pas la peine d'aller chasser en mer ; il dévore les rennes et les autres bêtes qu'il peut saisir ; mais la disette où il se trouve souvent dans ces terres stériles et désertes, le force à s'embarquer ; il se gîte alors sur des glaçons, et là, patient observateur, il attend que les phoques ou les morses viennent respirer à la surface de l'eau, pour se jeter sur eux. C'est au printemps qu'on rencontre ordinairement les ours blancs en pleine mer. Quand les glaces commencent à se détacher, ils se laissent entraîner et voyagent avec elles, et comme ils ne peuvent plus abandonner le glaçon sur lequel ils se sont embarqués, ils périssent de faim en pleine mer, ou bien ils abordent affamés sur les côtes d'Islande ou de Norwège. Leur arrivée dans ces parages est toujours regardée avec effroi par les habitans de ces malheureuses contrées, aussi les Islandais se rassemblent-ils pour aller combattre ce redoutable ennemi, et défendre leurs troupeaux. Ils descendent quelquefois en bandes si nombreuses au Groënland, que le capitaine Fioresby, dans son ouvrage sur les mers polaires, les compare à des troupeaux de moutons.

L'ours blanc évite, en général, la rencontre de

l'homme, mais lorsqu'on l'attaque, loin de reculer, il montre un grand courage. On cite plusieurs traits qui prouvent que le combat n'est pas toujours sans danger pour celui qui l'engage. Un baleinier stationné sur les côtes du Groënland, était amarré à un bloc de glace. La vigie signale au loin un ours énorme, occupé à guetter des phoques. Un matelot à qui le rhum avait un peu monté la tête, résolut d'aller attaquer cet animal. En vain lui représente-t-on la difficulté de l'entreprise, et le péril qu'il va courir ; les objections de ses camarades excitent encore son courage ; il part muni d'un harpon, traverse les neiges et les montagnes de glaces, et, après une demi-heure d'une course très pénible, il arrive en face de son terrible adversaire qui l'attendait de pied ferme. Notre matelot avait alors recouvré son sang-froid ; il aurait bien voulu battre en retraite, mais les risées de ses camarades l'attendaient au retour ; bon gré, malgré, il se décide, apprête ses armes et se dispose au combat. L'ours cependant ne bougeait ; le matelot le trouvait alors bien grand ! Las enfin de regarder ainsi en silence, l'ours fait un mouvement et semble vouloir commencer la partie, mais son adversaire ne se sentait plus de force à lui résister. Saisi de frayeur, il recule et se met aussitôt à fuir, l'ours le poursuit. La lutte sur ce terrain n'était point égale. Accoutumé aux courses sur la neige et la glace, l'animal gagnait sensiblement sur l'homme qui fuyait de son mieux. Son arme lui était devenue inutile et ne faisait que ralentir ses pas, il la jette. L'ours l'aperçoit, la flaire, la retourne entre ses pattes et ses dents, et pendant ce temps se laisse devancer par son ennemi. Mais bientôt il quitte le harpon et recommence sa course. Le pauvre matelot commençait à se fatiguer, il allait être atteint, quand l'idée lui vint de jeter derrière lui une de ses mitaines. C'en fut assez pour retenir l'ours qui recommença de plus belle son manège; mais la mitaine a bien vite épuisé la curiosité de l'ours, le matelot lui abandonne la seconde, puis son chapeau que l'animal impatienté foule sous ses pieds et déchire en mille pièces. Il était temps néanmoins que cette scène finît; l'ours était extrêmement irrité; notre fuyard n'avançait plus qu'avec beaucoup de peine, ses forces étaient épuisées; il serait infailliblement devenu victime de sa témérité, si l'équipage qui assistait depuis quelque temps à ce spectacle étrange, ne fût accouru à son secours. A l'aspect de ses nombreux ennemis, l'ours fit d'abord mine de résister, mais blessé d'un coup de feu, il jugea la retraite prudente et mit bientôt entre lui et ses adversaires un rempart de neiges et de glaces que les matelots n'osèrent pas franchir.

L'attachement de l'ours blanc femelle pour ses petits lui inspire parfois un admirable courage; en voici un exemple touchant.

Un matin, à l'aube du jour, le matelot placé en sentinelle au haut des hunes, aperçut trois ours qui cheminaient vers le bâtiment arrêté au milieu des glaces. C'était une femelle, qui s'avançait précédée de ses deux petits presque aussi forts qu'elle. Tous trois coururent vers les restes d'un feu autour duquel gisaient quelques débris de chair. La mère distribua le butin en donnant à ses petits la plus forte part. Les chasseurs n'attendaient que ce moment pour les ajuster, ils font feu et les deux oursons tombent morts sur le coup; ils tirèrent ensuite la mère qui fut blessée, mais légèrement. Pauvre mère! A peine vit-elle ses deux petits tomber, que sans faire attention à son propre danger, elle courut à eux, les releva, plaça devant eux la nourriture qu'elle venait de leur partager, et les appela par ses gémissemens. Comme ils restaient immobiles, elle se recula de quelques pas, les appela de nouveau, revint à eux, lécha leurs blessures, et ne les abandonna qu'après s'être bien convaincue qu'ils avaient cessé de vivre. Elle poussa alors d'affreux gémissemens auxquels le vaisseau répondit par une nouvelle décharge. La malheureuse mère, atteinte de plusieurs balles, vint expirer auprès de ses petits.

Il existe un ours blanc à la ménagerie du jardin des plantes à Paris. Ce pauvre prisonnier se promène mélancoliquement dans sa cage en secouant tristement la tète. Il semble regretter sa liberté perdue.

FIGURE 4.

Le blaireau.

Le blaireau, sans être précisément un animal rare, ne se rencontre cependant nulle part en grande abondance. D'un naturel méfiant et solitaire, il vit à l'écart, se creuse un terrier au bord des bois, près d'une garenne, et passe les trois quarts de son existence au fond de sa retraite. Son corps allongé, ses jambes courtes et ses pieds armés d'ongles robustes lui donnent une grande facilité pour ouvrir la terre, y pénétrer et jeter derrière lui les déblais de son excavation qu'il rend tortueuse, oblique, et qu'il pousse quelquefois fort loin. Rien ne le rebute dans son travail; et telle est sa patience, qu'il n'hésite pas à se creuser un autre domicile, lorsque le renard, à force de ruses, a réussi à le déloger du terrier qu'il venait de se pratiquer. Contraint de cette manière à changer de manoir, il ne quitte pas pour cela le pays, il ne va qu'à quelque distance travailler sur de nouveaux frais, et parvient bientôt à se procurer un autre gîte dont il ne sort que la nuit, dont il ne s'écarte guère et où il revient au moindre danger.

La chasse du blaireau ne laisse pas que d'être fort dangereuse pour les chiens : cet animal a les mâchoires extrêmement fortes; il s'en sert ainsi que de ses ongles ; se couche sur le dos, combat long-temps et se défend jusqu'à la dernière extrémité : on ne s'en empare facilement qu'avec des chiens bassets. Ceux-ci entrent dans le terrier, le blaireau se défend en reculant, et éboule la terre afin d'arrêter ou d'enterrer ses ennemis, mais à la fin les chiens l'acculent jusqu'au fond, et l'on profite de ce moment pour ouvrir le terrier par-dessus.

Les jeunes blaireaux s'apprivoisent aisément; ils jouent avec les petits chiens, et, comme eux, suivent leur maître, mais ceux que l'on prend déjà vieux, restent toujours sauvages. Leur nourriture, à l'état de liberté, consiste en lapins, mulots, lézards, couleuvres et en œufs d'oiseaux; réduits en domesticité, ils mangent indifféremment de la chair, du poisson, du pain, des fruits et des racines. La femelle met bas pendant l'été, la portée est ordinairement de trois à quatre petits.

La chair du blaireau est bonne à manger ; son poil sert à faire des brosses à barbe et des pinceaux.

LA FOUINE ET LA MARTE.

FIGURE 5.

La fouine.

Les naturalistes ont long-temps confondu ces deux espèces de carnassiers, qui présentent en effet des analogies frappantes, mais dont les caractères différentiels sont nettement tranchés.

La fouine se reconnaît tout d'abord à sa gorge blanche, au lieu que celle de la marte est jaune. Ses habitudes bien que sauvages et sanguinaires l'en séparent encore davantage. Tandis que celle-ci fuit les lieux découverts, habite au fond des bois et demeure sur les arbres, l'autre s'approche des maisons pour y chercher sa proie, s'établit dans les vieux bâtimens, dans les greniers à foin, dans les granges, les trous de murailles, et fait, de là, une guerre acharnée aux volailles de toute espèce.

La fouine, comme la plupart des animaux vermiformes, a la physionomie très fine, l'œil vif, le saut léger, les membres souples, le corps flexible, tous les mouvemens très prestes; elle saute et bondit plutôt qu'elle ne marche, entre dans les poulaillers, mange les œufs, les pigeons, les poules, tue tout ce qu'elle rencontre pour le porter à ses petits, et quand la basse-cour lui fait défaut, elle se venge sur les taupes, les rats, les souris et les petits oiseaux qu'elle peut surprendre dans leurs nids. C'est le plus grand fléau des fermes, et son extrême fécondité rend très difficile la destruction de la race. On trouve des petits depuis le printemps jusqu'en automne, ce qui porte à présumer qu'elle produit plus d'une fois par an; les plus jeunes ne font que trois ou quatre petits, les plus âgées en font jusqu'à sept. Elles s'établissent, pour mettre bas, dans un magasin à foin, dans un trou de muraille où elles entassent de la paille et des herbes sèches; quelquefois, cependant, elles font aussi leur nid dans une fente de rocher ou dans un tronc d'arbre, et alors elles le remplissent de mousse. Vient-on à les inquiéter dans cette retraite, elles déménagent et transportent ailleurs leurs petits. On pense que les fouines peuvent vivre huit à dix ans; elles exhalent une odeur légèrement musquée: leur fourrure est employée dans les arts et sert à fabriquer des manchons, des boas, etc.; on la désigne ordinairement sous le nom de marte de France.

La marte vit particulièrement dans le nord de

l'Europe ; en France, elle est aussi rare que la fouine y est commune. Cet animal, ainsi que nous l'avons dit plus haut, se tient éloigné des pays habités ; il demeure au fond des forêts, ne se cache pas dans les rochers ni les murailles, mais parcourt les bois et grimpe sur les arbres. La marte est plus grosse que la fouine ; ses jambes sont plus longues ; aussi court-elle plus aisément ; son poil est aussi bien plus fin, bien plus fourni et moins sujet à tomber. Au lieu de construire un nid pour ses petits, elle s'empare de celui d'un écureuil, et en élargit l'ouverture. Elle met bas au printemps : la portée n'est que de deux ou trois petits.

La chasse des martes est l'une des plus pénibles que l'on connaisse ; comme elle n'a lieu que pendant l'hiver, il faut sans cesse s'exposer au froid le plus rigoureux, à travers les neiges et les glaces de la Sibérie ; c'est pourquoi les hommes les plus robustes peuvent seuls s'y livrer. La marte dont la fourrure est la plus estimée, est la marte zibeline.

FIGURE 6.

Le putois

Cet animal infect se rapproche beaucoup de la

fouine par les formes du corps, le naturel et les habitudes; il fréquente cependant un peu moins les lieux habités, et se tient de préférence dans les bois. Sans faire autant de bruit que la fouine, il fait plus de dégât; il coupe la tête à toutes les volailles, les transporte une à une et en fait magasin; s'il ne peut les emporter entières, il leur mange la cervelle. La femelle fait de trois à cinq petits, elle ne les allaite pas long-temps, et les accoutume de bonne heure à sucer du sang et des œufs.

Chasseurs intrépides, les putois s'établissent, pour passer l'été, dans des terriers de lapins, dans des fentes de rochers, dans des troncs d'arbres creux, d'où ils ne sortent guère que vers le soir, pour se répandre dans les champs, dans les bois: ils cherchent les nids des perdrix, des alouettes et des cailles; ils épient les rats, les taupes, les mulots, et font une guerre continuelle aux lapins qui ne peuvent leur échapper, parce qu'ils entrent aisément dans leurs terriers : une seule famille de putois suffit pour détruire une garenne.

Le putois est un peu plus petit que la fouine; il a la queue plus courte, le museau plus pointu, le poil plus épais et plus noir; son front, ainsi que le côté sont nus, et les bords de la gueule sont marqués de blanc. Il en diffère encore par la voix ; la fouine a le cri aigu et éclatant; le putois a le cri plus sourd; ils ont tous deux, aussi bien que la marte, un grognement d'un ton grave et colère, qu'ils répètent souvent quand on les irrite. Enfin le putois exhale une odeur insupportable qui n'existe pas dans la fouine, et dont la fétidité ne se retrouve dans aucun animal sauvage de notre pays. Les putois vivent de dix à quinze ans.

L'HERMINE.

L'hermine est un petit animal très répandu dans
la Russie, la Norwège et la Laponie, et qu'on rencontre assez fréquemment dans le nord de la France
En toute saison, l'extrémité de sa queue est noire,
le reste de son pelage est roux l'été, et devient blanc
pendant l'hiver. Elle habite principalement les
rochers et les bois, et se nourrit de taupes, de mulots,
de musaraignes, de petits oiseaux et surtout de
leurs œufs. Tout le monde connaît l'usage qu'on
fait de la peau des hermines : celles du Nord, d'un
blanc presque pur, sont les plus précieuses.

LA BELETTE.

C'est à la suite de la fouine, du putois et de
l'hermine qu'il faut ranger la belette, cet animal
à longue échine, comme l'appelle le bon Lafontaine.
Ses habitudes sont presque nocturnes. Pendant le
jour, elle se tient cachée dans les champs ou dans
des trous de muraille, et elle attend la nuit pour
chercher sa proie. Lorsqu'une belette peut se glis-
ser dans un poulailler, elle attaque d'abord les
poulets, les tue par une seule blessure qu'elle leur
fait à la tête et les emporte ensuite tous les uns
après les autres ; elle perce aussi les œufs et les
transporte avec une merveilleuse adresse jusque
dans son gîte. L'hiver, elle se cantonne ordinaire-

ment dans les granges et fait alors une grande consommation de la gent souricière. Au printemps elle dépose ses petits dans un nid composé de foin ou de paille, grimpe dans les colombiers, et exerce ses ravages parmi les pigeons ; souvent aussi elle fait son nid dans le creux d'un vieux saule, et prépare un lit à ses petits avec de l'herbe, de la paille, des feuilles, des étoupes. Chaque portée est ordinairement de quatre ou cinq ; les petits naissent les yeux fermés, mais ils acquièrent bientôt assez de développement pour suivre leur mère à la chasse. Toute la famille parcourt les prairies et attaque de concert les couleuvres, les rats d'eau, les taupes, les mulots, et dévore les œufs du menu gibier, tel que les cailles et les perdrix.

La belette est très commune en France.

LE FURET.

Le furet nous vient de l'Afrique. Sans qu'il cesse complètement d'être sauvage, l'éducation l'a rendu assez apprivoisé pour que l'homme puisse profiter de son instinct carnassier, et en faire un animal presque domestique. Réduit ainsi en captivité, il ne peut se passer de soins ; on dirait qu'en quittant son climat naturel, il a perdu en même temps l'instinct qui lui était nécessaire pour trouver sa subsistance ; il faut donc y suppléer en le nourrissant chez soi, car il ne va pas s'établir dans les champs ni dans les bois, et les furets que l'on perd dans les terriers de lapins, et qui ne reviennent pas, n'ont jamais multiplié leur race dans les champs : selon toute probabilité, ils périssent pendant l'hiver.

La couleur du furet varie depuis le blanc jaunâtre jusqu'au jaune mélangé de brun et au noir plus ou moins pur. La femelle est, dans cette espèce, sensiblement plus petite que le mâle. Tous deux s'élèvent dans des tonneaux garnis d'étoupe ou de foin ; leur nourriture consiste en pain, en lait et en jaune d'œufs. Ils produisent deux fois par an. La femelle porte six semaines ; chaque portée est ordinairement de six ou huit petits.

Le furet est l'ennemi instinctif du lapin. Présentez un lapin, même mort, à un jeune furet, il se jettera dessus et le mordra avec fureur ; s'il est vivant, il le prendra par le cou, par le nez, et lui sucera le sang jusqu'à ce qu'il soit entièrement rassasié. Les furets qui ne sont pas bien apprivoisés, doivent être muselés avant d'être lâchés dans des terriers, sans quoi on court risque de les perdre, parce que, après avoir sucé le sang du lapin, ils s'endorment, et les coups de fusil qu'on tire dans les trous ne suffisent pas toujours pour les ramener : la fumée, elle-même, dans ce cas, n'est pas toujours un moyen sûr, car souvent il y a plusieurs issues, et le terrier communique à d'autres conduits dans lesquels le furet s'engage à mesure que la fumée le gagne. La chasse du lapin par le furet est extrêmement amusante, mais elle exige une grande adresse : le lapin poursuivi s'élançant avec la rapidité de l'éclair hors de son trou, il faut presque toujours le tirer au *jugé*.

LE CHIEN.

L'homme, sans le secours du chien, non-seulement n'aurait pu se rendre maître de l'univers, mais sans cesse attaqué lui-même par les bêtes sauvages, il se serait vu à chaque instant menacé dans son existence : grâces à ce fidèle animal, il règne partout en roi absolu, et ses ennemis naturels ne sont plus aujourd'hui que ses esclaves. Voyez quel puissant auxiliaire la Providence lui a donné dans le chien! où trouver un ami plus dévoué, plus courageux, plus fidèle? L'homme fait un signe et le chien vient en rampant mettre sa force, ses talens à ses pieds; il attend ses ordres pour les exécuter; il le consulte, il l'interroge, il le supplie et se trouve heureux quand il a satisfait aux desirs de son maître.

Le chien est, pour ainsi dire, le seul animal dont la fidélité soit à l'épreuve; le seul qui connaisse toujours son maître et les amis de la maison ; le seul qui, lorsqu'il arrive un inconnu, s'en aperçoive; le seul qui entende son nom et qui reconnaisse la voix domestique, le seul qui ne se confie pas en lui-même; le seul qui, lorsqu'il a perdu son maître, et qu'il ne peut le retrouver, l'appelle par ses gémissemens ; le seul qui, dans un voyage long qu'il n'aura fait qu'une seule fois, se souvienne du chemin et retrouve la route ; le seul enfin dont les talens naturels soient évidens et l'éducation toujours heureuse.

Les chiens naissent communément avec les yeux fermés; les deux paupières ne sont pas simplement collées, mais adhérentes par une membrane qui se déchire lorsque le muscle de la paupière supérieure est devenu assez fort pour la relever et vaincre cet obstacle; la plupart d'entre eux n'ont les yeux ouverts qu'au dixième ou douzième jour. Dans ce même temps, les os du crâne ne sont pas achevés; le corps est bouffi, le museau gonflé, et leur forme n'est pas encore bien dessinée; mais en moins d'un mois ils arrivent à faire usage de tous leurs sens, et prennent ensuite de la force et un prompt accroissement. Au quatrième mois, ils perdent quelques-unes de leurs dents qui, comme dans les autres animaux, sont bientôt remplacées par d'autres qui ne tombent plus : il ont en tout quarante-deux dents, savoir : six incisives en haut et six en bas, deux canines en haut et deux en bas, quatorze mâchelières en haut et douze en bas, mais cela n'est pas constant, il se trouve des chiens qui ont plus ou moins de dents mâchelières.

La chienne porte neuf semaines, c'est-à-dire, soixante-trois jours, quelquefois soixante-deux ou soixante-et-un, et jamais moins de soixante; elle produit six, sept et jusqu'à douze petits.

De tous les animaux, le chien est celui dont la nature est la plus sujette aux variétés et aux altérations causées par les influences physiques. Le tempérament, les facultés, les habitudes du corps varient prodigieusement, la forme même n'est pas constante : dans le même pays, un chien est très différent d'un autre chien, et l'espèce est pour ainsi dire toute différente d'elle-même dans les différens climats. De là, cette confusion, ce mélange et cette variété de races si nombreuses qu'on ne peut en faire l'énumération; de là, ces différences si marquées pour la grandeur de la taille, la figure du corps, l'allongement du museau, la forme de la tête, la longueur et la direction des oreilles et de la queue, la couleur, la qualité et la quantité du poil, en sorte qu'il ne reste rien de constant, rien de commun à ces animaux que la conformité de l'organisation intérieure et la faculté de pouvoir tous produire ensemble.

Parmi les races nombreuses que l'éducation a créées, on en distingue plusieurs dont les caractères sont bien tranchés; tels sont entre autres : le *chien danois*, remarquable par son pelage moucheté.

FIGURE 7.

Le chien danois.

Le *chien braque* à poil ras, et à oreilles pendantes; c'est celui qu'on préfère généralement pour la chasse en plaine au chien d'arrêt.

L'*épagneul*, remarquable par son poil long et soyeux; le *barbet*, à poil crépu, semblable à de la laine; c'est encore une variété employée pour la chasse, surtout pour celle au marais; il a produit, comme sous-variété le *caniche*, celui de tous dont

FIGURE 8.

Le chien braque.

FIGURE 9.

L'épagneul.

FIGURE 10.

Le barbet.

FIGURE 11.

Le caniche.

l'instinct est le plus développé, aussi est-il le fidèle compagnon du pauvre aveugle qui se laisse en toute sûreté guider par son admirable fidélité. Le *lévrier*,

FIGURE 12.

Le lévrier.

reconnaissable à sa tête allongée et à son corps long et effilé, monté sur des pattes très élevées : dans certains pays, on l'emploie pour courre le lièvre, mais chez nous il passe sa vie dans les salons qui l'ont adopté comme un animal de mode. Le *mâtin*, caractérisé par son énorme gueule, ses membres vigoureux et ses mâchoires pendantes. Le *bull-dog,* dont les dents s'entrelacent et dont la mâchoire inférieure déborde la supérieure : il passe pour le plus féroce de tous les chiens ; le *chien de berger*, type présumé de la race canine ; ses oreilles droites et son poil grossier le font aisément distinguer : on sait avec quelle admirable docilité il reçoit les leçons de son maître et avec quelle adresse il parvient à préserver les récoltes de la dent des troupeaux. Enfin, le *chien de Terre-Neuve,* espèce

4

FIGURE 13.

Le bull-dog.

FIGURE 14

Le mâtin.

FIGURE 15.

Le chien de berger.

récemment découverte et caractérisée par ses pieds palmés, son poil long et frisé, et ses formes robustes. Tout le monde connaît les précieuses qualités de cet animal; le trait suivant prouve qu'à la faculté spéciale de .plonger qu'il possède, il joint un courage et un développement d'instinct fort remarquables.

Un officier de marine avait un magnifique chien de Terre-Neuve à son bord. Un jour que le bâtiment était à l'ancre, en rade, le maître et le chien, suivant leur habitude, se livrèrent à leur exercice favori, nageant côte à côte autour du bâtiment. Le premier eut la fantaisie d'appuyer ses mains sur la tête de son compagnon, et lui donnant une forte impulsion, il le fit plonger à une grande profondeur. Le chien revint bientôt sur l'eau, et répéta à son tour le même manège ; à mesure que son maître reparaissait à la surface, il lui imprimait une nouvelle secousse et l'envoyait, derechef, au fond de l'eau. Le jeu à la fin se répéta si souvent que l'officier vint à disparaître et ne reparut plus. Le chien désespéré pousse de lamentables gémissemens, plonge, revient à la surface de l'eau, renouvelle ses cris et plonge de nouveau pour aller à la recherche de son maître. L'équipage cependant, s'était aperçu de la disparition de l'officier. On met une chaloupe à la mer et bientôt on voit le courageux animal reparaître à la surface tenant son maître avec sa gueule. Sans lui il se noyait infailliblement.

Le chien ne vit guère au-delà de quinze ans ; vigilant et actif pendant sa jeunesse, il devient lourd vers sa douzième année ; à mesure qu'il vieillit, son poil blanchit sur le museau, sur le front et autour des yeux.

LE LOUP.

Lâche et poltron de sa nature, le loup, pressé par la faim et traqué de toutes parts par l'homme qui lui a déclaré la guerre, devient hardi par nécessité. Il brave le danger et vient attaquer nos troupeaux. Lorsque cette maraude lui réussit, il revient souvent à la charge, jusqu'à ce qu'ayant été blessé par les hommes ou les chiens, il se recèle dans l'épaisseur des forêts. Il n'en sort plus alors que la nuit, parcourt la campagne, rôde autour des habitations, entre en furieux dans les bergeries et met à mort les premières bêtes qu'il rencontre.

Quand ces courses ne lui produisent rien, il retourne au fond des bois, se met en quête, cherche, suit à la-piste, chasse, poursuit les animaux sauvages, qui lui échappent par la vitesse de leur course, et qu'il ne peut surprendre que par hasard; enfin, lorsque le besoin est extrême, il s'expose à tout; il attaque les femmes et les enfans, se jette même quelquefois sur les hommes, devient furieux par ces excès, qui finissent ordinairement par la rage et la mort.

Le loup ressemble beaucoup au chien, mais si la forme est semblable, le naturel est si différent, que non-seulement ils sont antipathiques par nature, mais ennemis par instinct. Un jeune chien frissonne au premier aspect du loup, il fuit à l'odeur seule, qui quoique nouvelle, inconnue, lui répugne si fort, qu'il vient en tremblant se ranger entre les jambes de son maître. Un mâtin qui connaît sa force, se hérisse, s'indigne et l'attaque avec courage; jamais ils ne se rencontrent sans se fuir ou sans se combattre et se combattre à outrance jusqu'à ce que la mort suive. Les chiens, même les plus grossiers, recherchent la compagnie des autres animaux, le loup, au contraire, est l'ennemi de toute société; il ne fait pas même compagnie à ceux de son espèce. Lorsqu'on les voit plusieurs ensemble, ce n'est point une société de paix, c'est un attroupement de guerre qui se fait à grand bruit, avec des hurlemens affreux, et qui dénote le projet d'attaquer quelque gros animal : dès que leur expédition est consommée, ils se séparent et retournent en silence à leur solitude. Il n'y a pas même une grande union entre le mâle et la femelle. Ils ne se cherchent qu'une fois par an, et ne demeurent que peu de temps ensemble. On trouve des louveteaux depuis la fin d'avril jusqu'au mois de juillet. La mère les allaite pendant quelques semaines, et leur apprend bientôt à manger de la chair. Ils ne sortent du fort où ils ont pris naissance, qu'au bout de six semaines, et accompagnent alors leur mère pendant plusieurs mois; ils l'abandonnent à un an environ, quand leur éducation est faite et qu'ils sont assez forts pour se passer d'elle.

Le loup a beaucoup de force, surtout dans les parties antérieures du corps, dans les muscles du cou et de la mâchoire. Il porte sans peine un mouton dans sa gueule et court sans le laisser toucher à terre. Doué d'une excellente vue et d'un odorat très fin, l'odeur du carnage l'attire de plus d'une lieue; il sent aussi de loin les animaux vivans. Lorsqu'il veut sortir du bois, jamais il ne manque de prendre le vent : il s'arrête sur la lisière, flaire de tous côtés et reçoit ainsi les émanations des corps morts ou vivans que le vent lui apporte de loin. Dans les pays qui sont infestés de cette bête féroce, on fait de temps en temps des battues, mais il est rare qu'on en tue un grand nombre, surtout là où il y a beaucoup de bois : la race des loups cependant, a été complètement détruite en Angleterre.

LE RENARD.

Le renard est fameux par ses ruses. Fin autant que circonspect, ingénieux et prudent, même jusqu'à la patience, il varie sa conduite, et ce que le

FIGURE 16.

Le renard.

loup ne fait que par la force, il le fait par adresse et réussit plus souvent.

Doué d'un instinct très développé, il se loge au bord des bois, à portée des hameaux; il écoute le chant des coqs et le cri des volailles, il les savoure de loin; il prend habilement son temps, cache son dessein et sa marche, se glisse, se traîne, arrive et fait rarement des tentatives inutiles. S'il peut franchir les clôtures ou passer par-dessous, il ne perd pas un instant; il ravage la basse-cour, il y met tout à mort, se retire ensuite lestement en emportant sa proie, qu'il cache dans la mousse ou porte à son terrier; il revient quelques momens après, en chercher une autre qu'il emporte et cache de même, mais dans un autre endroit; ensuite une troisième, une quatrième, jusqu'à ce que le jour ou le mouvement dans la maison l'avertisse qu'il faut se retirer, et ne plus revenir. Il fait la même manœuvre dans les pipées, et dans les endroits où l'on prend les grives et les bécasses au lacet; il devance le pipeur, va de très grand matin visiter les lacets, les gluaux, emporte successivement les oiseaux qui s'y sont empêtrés, les dépose tous en différens endroits, les y laisse quelquefois deux ou trois jours et sait parfaitement les retrouver au besoin. Il chasse les jeunes levreaux en plaine, saisit quelquefois les lièvres au gîte, déterre les lapereaux dans les garennes, découvre les nids de perdrix, de cailles, prend la mère sur les œufs, et détruit une quantité prodigieuse de gibier.

Le renard ne produit qu'une fois par an, les portées sont ordinairement de quatre ou cinq, rarement de six et jamais moins de trois. Lorsque la femelle s'aperçoit que sa retraite est découverte, et qu'en son absence ses petits ont été inquiétés, elle les transporte tous les uns après les autres et va chercher un autre domicile.

Cet animal a les sens aussi bons que le loup, le sentiment plus fin et l'organe de la voix plus souple et plus parfait. Il glapit, aboie et pousse un son triste semblable à celui du paon; il a des tons différens selon les sentimens différens dont il est affecté : il a la voix de la chasse, l'accent du desir, le son du murmure, le ton plaintif de la tristesse et le cri de la douleur. Son glapissement est une espèce d'aboiement, qui se fait par des sons semblables et très précipités. Son poil tombe pendant l'été et, par suite, est peu estimé à cette époque; en revanche, son pelage d'hiver fait d'excellentes fourrures.

LE CHACAL.

Le chacal est une espèce fort voisine du loup, du chien et surtout du renard. Très répandu dans les pays chauds de l'ancien continent, il se tient caché pendant le jour dans les ruines et les broussailles, et sort par bandes nombreuses vers le coucher du soleil, en poussant de longs glapissemens. Moins féroce que le loup, mais aussi rusé et aussi voleur que le renard, le chacal vit de guerre et de chasse; il attaque indistinctement les fruits, les volailles et les troupeaux; et telle est son audace, que la vue de l'homme ne l'effraie même pas. En Afrique, il entre jusque dans les villes et dévore les immondices et les charognes qui gisent au milieu des rues. Faute de proie vivante, il déterre les cadavres des animaux et des hommes; aussi est-on obligé de placer de grosses pierres sur les sépultures ou de battre fortement la terre qu'on recouvre ensuite d'épines pour les empêcher de fouir. Un préjugé très répandu en Europe attribue au chacal une férocité semblable à celle de la hyène, mais cet animal n'est point dangereux pour l'homme qu'il n'attaque jamais; il n'est nuisible que par les dégâts qu'il cause dans les basses-cours et les vergers.

Le chacal est très commun à Alger.

LA CIVETTE.

La civette habite les parties les plus chaudes de l'Afrique et de l'Asie. D'un naturel farouche et

FIGURE 17.

La civette.

même carnassier, elle est douée d'une grande légèreté, saute à la manière des chats, et comme eux, se tient à l'affût pour surprendre les petits animaux et les oiseaux dont elle fait sa nourriture. Lorsque le gibier lui manque, elle se rabat sur les racines et les fruits. La civette est munie, sous le ventre, d'une poche où vient s'accumuler une liqueur désignée sous le nom de *civette :* c'est une humeur épaisse, d'une consistance semblable à celle des pommades, et dont le parfum est très recherché des Orientaux. La Hollande en faisait autrefois un grand commerce. On élevait, à cet effet, des civettes dans des cages fort étroites, et à l'aide d'une petite cuiller qu'on introduisait dans le sac abdominal, on retirait le parfum qui y était contenu : cette opération se répétait jusqu'à trois fois par semaine.

La quantité de l'humeur odorante dépend surtout de la nourriture et de l'appétit de l'animal ; il en rend d'autant plus qu'il est mieux nourri ; de la chair crue, des œufs, du riz, de petits oiseaux et du poisson surtout sont les mets qu'il préfère.

Le parfum de la civette est si fort, qu'il se communique à toutes les parties de son corps ; le poil en est imprégné, et la peau s'en trouve pénétrée au point que l'odeur se conserve long-temps après la mort de l'animal, et qu'il est impossible de rester dans le lieu où elle est renfermée.

Dans les Indes, l'Arabie et la Turquie, on fait encore usage du parfum de la civette ; la médecine l'employait autrefois en Europe, mais comme tant d'autres recettes venues de l'étranger, celle-ci est tout-à-fait passée de mode aujourd'hui.

LA HYÈNE.

Cet animal féroce et solitaire est originaire d'Afrique et d'Asie ; il habite dans les cavernes. Il vit de chair, se jette sur le bétail, et lorsque la proie lui manque, il rôde autour des tombeaux, creuse la terre avec ses pattes et en tire par lambeaux les cadavres des hommes. Sa force est telle qu'il enlève aisément un mouton, et l'emporte à une distance considérable sans le poser à terre ; il est rare cependant qu'il attaque l'homme. Les hyènes ne sortent guère què la nuit ; on en trouve dans les environs d'Alger.

FIGURE 18.

Le lion.

Le lion, né sous le soleil brûlant de l'Afrique ou des Indes, est le plus fort, le plus fier, le plus redoutable de tous les animaux. Son extérieur ne dément pas ces qualités. Il a la figure imposante, le regard assuré, la voix terrible; sa taille est si bien prise et si bien proportionnée, qu'il paraît être le modèle de la force jointe à l'agilité; aussi solide que nerveux, il est tout nerf et muscles. Cette grande force musculaire se marque au-dehors par les sauts et les bonds prodigieux que le lion fait aisément, par le mouvement brusque de sa queue, qui est assez fort pour terrasser un homme, par la facilité avec laquelle il fait mouvoir la peau de sa face, et surtout celle de son front, ce qui ajoute beaucoup à sa physionomie, ou plutôt à l'expression de sa fureur, et enfin, par la faculté qu'il a de remuer sa crinière, laquelle, non-seulement se hérisse, mais se meut et s'agite en tous sens, lorsqu'il est en colère.

Le lion, lorsqu'il a faim, attaque de face tous les animaux qui se présentent ; mais comme il est trop redouté, et que tous cherchent à éviter sa rencontre, il est souvent obligé de se cacher et de les attendre au passage; il se tapit sur le ventre dans un endroit fourré, d'où il s'élance avec tant de force, qu'il les saisit souvent du premier bond. Les gazelles forment sa principale nourriture.

Le rugissement est la voix ordinaire du lion: c'est un cri prolongé, une espèce de grondement d'un ton grave, mêlé à un frémissement plus aigu; il rugit cinq ou six fois par jour. Le cri qu'il fait entendre lorsqu'il est en colère, est encore plus terrible que le rugissement; alors il se bat les flancs de sa queue, il en bat la terre, il agite sa crinière, fait mouvoir la peau de sa face, remue ses gros sourcils et montre des dents menaçantes. Tant qu'il est jeune et qu'il a de la légèreté, le lion vit du produit de sa chasse, et quitte rarement ses déserts et ses forêts, où il trouve assez d'animaux sauvages pour subsister aisément ; mais lorsqu'il devient vieux, pesant et moins propre à l'exercice de la chasse, il s'approche des lieux fréquentés, et devient plus dangereux pour l'homme et les animaux domestiques ; seulement, on a remarqué, que lorsqu'il voit des hommes et des animaux ensemble, c'est toujours sur les animaux qu'il se jette, et jamais sur les hommes, à moins que ceux-ci ne l'attaquent.

FIGURE 19.

La lionne.

La lionne, naturellement moins forte, moins courageuse et plus tranquille que le lion, devient terrible dès qu'elle a des petits; elle se montre alors avec encore plus de hardiesse que le lion. Elle ne connaît point le danger; elle se jette indifféremment sur les hommes et sur les animaux qu'elle rencontre; elle les met à mort, se charge ensuite de sa proie, la porte et la partage à ses lionceaux, auxquels elle apprend de bonne heure à sucer le sang et à déchirer la chair. D'ordinaire elle met bas dans les lieux très écartés et de difficile accès, et lorsqu'elle craint d'être découverte, elle transporte ailleurs ses petits, et quand on veut les lui enlever, elle devient furieuse, et les défend jusqu'à la dernière extrémité.

FIGURE 20.

Le tigre.

Le tigre est bassement féroce et cruel sans justice, c'est-à-dire sans nécessité. Quoique rassasié de chair, il semble toujours altéré de sang ; sa fureur n'a d'autres intervalles que ceux du temps qu'il faut pour dresser des embûches ; il saisit et déchire une nouvelle proie avec la même rage qu'il vient d'exercer et non pas d'assouvir en dévorant la première ; il désole les pays qu'il habite ; il ne craint ni l'aspect ni les armes de l'homme ; il égorge, il dévaste les troupeaux d'animaux domestiques, met à mort toutes les bêtes sauvages, attaque les petits éléphans, les jeunes rhinocéros et quelquefois même ose braver le lion ; en un mot, il n'a pour tout instinct qu'une rage constante, une fureur aveugle qui ne connaît, qui ne distingue rien.

Heureusement, l'espèce du tigre n'est pas nombreuse, et paraît confinée aux climats les plus chauds de l'Inde orientale. Elle se trouve au Malabar, à Siam, au Bengale; c'est là que, tapi au bord des eaux, il attend les animaux qui y viennent, qu'il choisit sa proie, ou plutôt qu'il multiplie ses massacres, car souvent il abandonne les animaux qu'il vient de mettre à mort pour en égorger d'autres ; il semble qu'il cherche à goûter leur sang, il le savoure, il s'en enivre, et lorsqu'il leur fend et déchire le corps, c'est pour y plonger sa tête, et pour sucer à longs traits le sang dont il vient d'ouvrir la source, qui tarit presque toujours avant que sa soif ne s'éteigne. Cependant quand il a mis à mort quelques gros animaux, comme un cheval, un buffle, il ne les éventre pas sur la place, s'il craint d'y être inquiété ; pour les dépecer à son aise, ils les emporte dans les bois en les traînant avec tant de légèreté, que la vitesse de sa course paraît à peine ralentie par la masse énorme qu'il entraîne.

De tous les animaux, le tigre est peut-être le seul dont on ne puisse fléchir le naturel ; ni la force, ni la contrainte, ni la violence ne peuvent le dompter. Il s'irrite des bons comme des mauvais traitemens ; la douce habitude qui peut tout, ne peut rien sur cette nature de fer ; le temps loin de l'amollir, ne fait qu'aigrir le fiel de sa rage, il déchire la main qui le nourrit, comme celle qui le frappe ; il rugit à la vue de tout être vivant, et chaque objet lui paraît une nouvelle proie qu'il dévore d'avance de ses regards avides, et qu'il menace par des frémissemens affreux, mêlés de grincemens de dents. Toutes les tentatives faites pour l'apprivoiser avaient été inutiles pendant des siècles ; on n'y est parvenu que depuis peu d'années.

A quoi bon ces animaux carnassiers et féroces, s'est-on déjà écrié peut-être? Leur existence n'accuse-t-elle pas la sagesse et la bonté de la Providence? Réfléchissons un instant sur la destinée commune à tous les êtres sans raison. Tous doivent mourir tôt ou tard. Mais dans la vie de chaque être la mort est précédée d'un triste et douloureux prélude, les maladies et la vieillesse. Quand les animaux ont perdu leur agilité, leur force; les moyens de pourvoir à leur subsistance leur manquent; c'est alors aussi qu'ils deviennent plus incapables d'échapper à leurs ennemis; mais c'est alors qu'une mort prompte, est pour eux un véritable bienfait. Chose vraiment remarquable, et qui dévoile le plan de la Providence; les animaux carnassiers créés pour tuer, mais non pour faire souffrir long-temps leurs victimes, ont reçu tous un instinct qui les avertit de la place où il faut frapper pour donner la mort plus vite. D'un seul coup de bec le faucon a tué l'oiseau qu'il a saisi; les quadrupèdes ne déchirent guère leur proie, que lorsqu'elle est sans vie.

LA PANTHÈRE, L'ONCE ET LE LÉOPARD.

Ces animaux se ressemblent beaucoup par le naturel, quoiqu'ils soient très différens pour la grandeur par la figure et le pelage. La panthère est la plus grande des trois; sa peau est, pour le fond du poil, d'un fauve plus ou moins foncé sur le dos et sur les côtés du corps, et d'une couleur blanchâtre sous le ventre; elle est marquée de taches noires en grands anneaux, ornés, pour la plupart, d'une ta-

FIGURE 21.

La panthère.

che au centre. L'once diffère de la panthère par sa
taille beaucoup plus petite, sa queue plus longue et
son poil d'une couleur grise ou blanchâtre.

FIGURE 22.

L'once.

Le léopard se reconnaît à sa robe d'un fauve vif et brillant, et parsemée de taches disposées par groupes. Il a les yeux étincelans, le museau court et les ongles aigus, et courbés.

FIGURE 23.

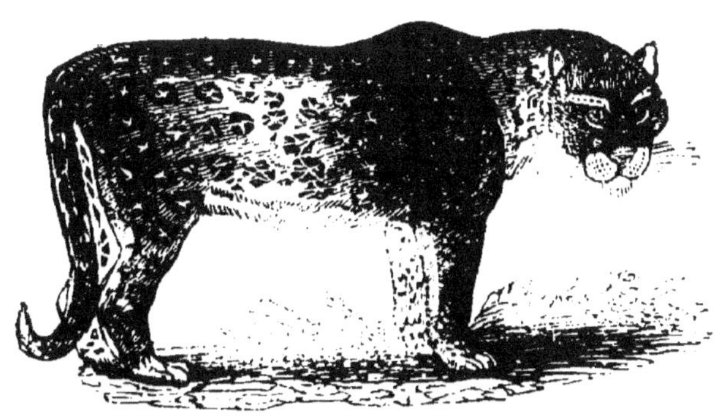

Le léopard.

La panthère, l'once et le léopard, n'habitent que l'Afrique et les climats les plus chauds de l'Asie; ils ne se sont jamais répandus dans les pays du nord ni même dans les régions tempérées. Ces animaux se plaisent dans les forêts touffues, et fréquentent souvent les bords des fleuves et les environs des habitations isolées, où ils cherchent à surprendre les animaux domestiques et les bêtes sauvages. Ils se jettent rarement sur les hommes. Ils grimpent aisément sur les arbres où ils poursuivent les chats sauvages, et les autres animaux qui ne peuvent leur

échapper. Leurs peaux sont très précieuses et font
de très belles fourrures : la plus recherchée est celle
du léopard.

FIGURE 24.

Le guépard.

Cet animal, plus petit que le léopard, dont il s'é-
loigne encore par ses taches plus noires, plus nombreuses et moins arrondies, est doué d'une souplesse
et d'une légèreté surprenantes; aussi est-il très redouté des colons de l'Afrique dont il dévaste les troupeaux. Il s'embusque souvent dans la bifurcation d'un
arbre, et de là saute sur sa proie qui lui échappe rarement. En Asie, on a su mettre à profit son intelligence et sa docilité pour en faire un animal presque domestique. Pris jeune, on le dresse pour la
chasse des gazelles, qui malgré la rapidité de leur
course, deviennent presque toujours sa victime. Les
habitans de l'Afrique ignorent encore cette qualité
précieuse du guépard; ils ne le connaissent que par
ses déprédations, aussi lui font-ils une guerre
acharnée.

FIGURE 25.

L'ocelot.

L'ocelot ne se rencontre que dans les parties les plus chaudes de l'Amérique, depuis le Mexique jusqu'au Chili. Sa demeure habituelle est dans les forêts, où il grimpe sur les arbres pour guetter et surprendre ses victimes, et où il échappe à ses ennemis. Lâche et cruel, il fuit dès qu'il se voit attaqué ; son goût pour le sang est si prononcé, qu'il n'entame jamais la chair sans en avoir complètement sucé le sang : cette avidité se déclare chez lui, bien avant le temps où l'allaitement cesse chez les autres animaux.

Durant le jour, l'ocelot se tient embusqué, soit sur un arbre, soit au milieu d'un épais buisson ; aux environs des lieux habités, il ne sort que la nuit pour aller en maraude. Sa fourrure est l'une des plus belles que l'on connaisse. Le fond de son pelage est d'un beau gris, sur lequel s'étendent avec régularité des bandes de taches plus sombres et bordées de noir ; son dos est partagé par une ligne continue et brune qui limite les bandes de taches disposées symétriquement de part et d'autre en se prêtant aux formes des diverses parties du corps. Les couleurs du mâle sont plus vives et plus brillantes que celles de la femelle, distinction qui n'existe pas entre les deux sexes des animaux du genre chat.

FIGURE 26.

Le chat.

Le chat est un serviteur infidèle qu'on ne garde que par nécessité, pour l'opposer à un ennemi domestique encore plus incommode, et qu'on ne peut chasser. Quoique cet animal ait de la gentillesse, il a, en même temps, une malice innée, un caractère faux, un naturel pervers que l'âge augmente encore, et que l'éducation ne fait que masquer. Les jeunes chats sont gais, vifs, jolis, et seraient aussi très propres à amuser les enfans, si les coups de patte n'étaient pas à craindre ; mais leur badinage n'est jamais innocent, et bientôt il se tourne en malice habituelle, et comme ils ne peuvent exercer ces talens avec quelque avantage que sur les plus petits animaux, ils se mettent à l'affût près d'une cage, ils épient les oiseaux, les souris, les rats, et deviennent d'eux-mêmes et sans y être dressés, plus habiles à la chasse que les chiens les mieux instruits. Leur naturel, ennemi de toute contrainte, les rend incapables d'une éducation suivie. Ils n'ont aucune docilité ; ils manquent aussi de la finesse de l'odorat qui, dans le chien, est une qualité éminente ; aussi ne poursuivent-ils pas les animaux qu'ils ne voient plus, ils ne les chassent pas, mais ils les attendent, les attaquent par surprise, et après s'en être joués long-temps, ils les tuent sans aucune nécessité, lors même qu'ils sont le mieux nourris, et qu'ils n'ont aucun besoin de cette proie pour satisfaire leur appétit.

La cause physique la plus immédiate de ce penchant qu'ils ont à épier et à surprendre les autres animaux, vient de l'avantage que leur donne la conformation particulière de leurs yeux. La pupille dans l'homme, comme dans la plupart des animaux, est capable d'un certain degré de contraction et de dilatation, elle s'élargit un peu lorsque la lumière manque, et se rétrécit lorsqu'elle devient trop vive. Dans l'œil du chat, cette contraction et cette dilatation sont si considérables, que la pupille qui, dans l'obscurité, est ronde et large, devient, au grand jour, longue et étroite comme une ligne, et dès-lors ces animaux voient mieux la nuit que le jour, à tel point même, que ce n'est pour ainsi dire que par effort qu'ils voient à une grande lumière, au lieu que dans le crépuscule, la pupille reprenant son état naturel, ils voient parfaitement et profitent de cet avantage pour reconnaître, attaquer et surprendre les autres animaux.

On ne peut pas dire que les chats, quoique habitans de nos maisons, soient des animaux entièrement domestiques; ceux qui sont le mieux apprivoisés n'en sont pas plus asservis; on peut même dire qu'ils sont entièrement libres; ils ne font que ce qu'ils veulent, et rien au monde ne serait capable de les retenir un instant de plus dans un lieu dont ils voudraient s'éloigner. D'ailleurs, la plupart sont à demi sauvages, ne connaissent pas leurs maîtres, ne fréquentent que les greniers et les toits, et quelquefois la cuisine et l'office lorsque la faim les presse.

A quinze ou dix-huit mois les chats ont pris tout leur accroissement. Leur vie ne s'étend guère au delà de neuf ou dix ans; ils sont cependant très durs, très vivaces, et ont plus de nerf et de ressort que d'autres animaux qui vivent plus long-temps.

LE LYNX.

Le lynx, appelé aussi loup-cervier par les fourreurs, était autrefois assez répandu en Europe, mais aujourd'hui on ne le trouve plus que dans certaines montagnes de l'Espagne et du Portugal, d'où il disparaîtra sans doute un jour. Sanguinaire et cruel comme tous les animaux du genre chat, il fait la chasse aux chevreuils et aux cerfs habitans des mêmes régions. Son pelage est en dessous d'un

FIGURE 27.

Le lynx.

roux-fauve marqué de taches brunes ; le dessus de son corps est d'un blanc grisâtre, et ses oreilles sont surmontées d'un pinceau de poils noirs. Un peu plus petit que le loup, il ne court pas de suite comme cette bête féroce, mais il marche et saute comme le chat ; il attend son gibier au passage, s'élance dessus, et lorsqu'il s'en est rendu maître, il lui suce le sang. Sa fourrure d'hiver est assez estimée.

CHAPITRE III.

LES RONGEURS.

Les rongeurs sont des mammifères onguiculés dont chaque mâchoire, privée de dents laniaires, porte généralement deux longues incisives séparées des molaires par un espace vide. Ces animaux ne peuvent donc déchirer les substances variées qui leur servent de nourriture, mais ils rongent, ils liment, pour ainsi dire, leurs alimens ; de là le nom qui leur a été donné. La forme générale de leur corps est telle, que le train de derrière est toujours plus fort que celui de devant, en sorte qu'ils sautent plutôt qu'ils ne marchent ; leurs yeux sont tout-à-fait placés aux côtés de la tête, disposition qui ne leur permet pas de voir en face. Tous sont remarquables par leur extrême fécondité; quelques-uns hibernent pendant la saison rigoureuse.

A cet ordre appartiennent entre autres, les écureuils, les marmottes, les loirs, les rats, les castors, les porc-épics et les lièvres.

L'ÉCUREUIL. — LE POLATOUCHE. — L'ÉCUREUIL SUISSE.

Le grand peintre de la nature, Buffon, nous a laissé une description parfaite de ce charmant quadrupède. L'écureuil, dit-il, est un joli petit animal qui n'est qu'à demi sauvage, et qui, par sa gentillesse, par sa docilité, par l'innocence même de ses mœurs mériterait d'être épargné; il n'est ni carnassier, ni nuisible, quoiqu'il saisisse quelquefois des oiseaux; des fruits, des noisettes, de la faîne et du gland sont sa nourriture ordinaire; il est propre, leste, vif, très alerte, très éveillé, très industrieux; il a les yeux pleins de feu, la physionomie fine, le corps nerveux, les membres très dispos: sa jolie figure est encore rehaussée, parée par une belle queue en forme de panache, qu'il relève jusque dessus sa tête, et sous laquelle il se met à l'ombre, il est pour ainsi dire moins quadrupède que les autres animaux; il se tient ordinairement assis presque debout, et se sert de ses pieds de devant comme d'une main pour porter à sa bouche; au lieu de se cacher sous terre, il est toujours en l'air; il approche des oiseaux par sa légèreté, il demeure comme eux sur la cime des arbres, parcourt les forêts en sautant de l'un à l'autre , y fait son nid, cueille les graines, boit la rosée, et ne descend à terre que quand les arbres sont agités par la violence des vents. On ne le trouve point dans les champs , dans les lieux découverts , dans les pays de plaine; il n'approche jamais des habitations ; il ne reste pas dans les taillis, mais dans les bois de hauteur, sur les vieux arbres des plus belles futaies. Il ramasse des noisettes pendant l'été , en remplit les troncs, les fentes d'un vieux arbre, et a recours en hiver à sa provision ; il les cherche aussi sous la neige qu'il détourne en grattant. Il a la voix éclatante et plus perçante encore que celle de la fouine; il a, de plus, un petit grognement de mécontentement, qu'il fait entendre toutes les fois qu'on l'irrite. Il est trop léger pour marcher, il va ordinairement par petits sauts et quelquefois par bonds; il a les ongles si pointus et les mouvemens si prompts, qu'il grimpe en un instant sur un hêtre dont l'écorce est fort lisse.

On entend les écureuils pendant les belles nuits d'été crier en courant sur les arbres les uns après les autres; ils semblent craindre l'ardeur du soleil, ils demeurent pendant le jour à l'abri dans leur domicile dont ils sortent le soir pour s'exercer, jouer et manger. Ce domicile est propre , chaud , et impénétrable à la pluie. C'est ordinairement sur l'enfourchure d'un arbre qu'ils l'établissent; ils commencent par emporter des bûchettes qu'ils mêlent, qu'ils entrelacent avec de la mousse; ils la serrent ensuite, ils la foulent et donnent assez de capacité et de solidité à leur ouvrage pour y être à l'aise avec leurs petits; il n'y a qu'une ouverture vers le haut, juste, étroite et qui suffit à peine pour passer; au-dessus de l'ouverture est une espèce de couvert en cône qui met le tout à l'abri et fait que la pluie s'écoule par les côtés et ne pénètre pas. Ils produisent ordinairement trois ou quatre petits et mettent bas au mois de mai ou au commencement de juin. Ils muent au commencement de l'hiver ; le poil nouveau est plus roux que celui qui tombe. Ils se peignent, ils se polissent avec les mains et les dents ; ils sont propres ; ils n'ont aucune mauvaise odeur : le poil de leur queue sert à faire des pinceaux.

FIGURE 28.

Le polatouche.

— Le polatouche ou écureuil volant habite particulièrement l'Amérique. Comme l'écureuil d'Europe, il vit sur les arbres, et lorsqu'il veut passer d'une branche à l'autre, il se sert de la peau lâche qui borde ses flancs, en guise de parachute ; mais cette action ne peut être assimilée au vol des oiseaux qui consiste à frapper l'air par des vibrations réitérés ; c'est un simple saut dans lequel tout dépend de la première impulsion, dont le mouvement est seulement prolongé et subsiste plus long-temps, parce que le corps de l'animal présentant une plus grande surface à l'air, éprouve une plus grande résistance et tombe plus lentement. Ses mœurs, du reste, diffèrent sensiblement de celles de l'écureuil ordinaire. Autant celui-ci est vif et léger, autant le polatouche est lent et lourd, il ne sort guère que la nuit et seulement encore lorsque la faim le presse.

L'ÉCUREUIL SUISSE.

Le savant naturaliste Pallas décrit ainsi cet animal. L'écureuil suisse ou de Moscovie fait son terrier dans les endroits boisés, là où la terre se relève en légers monticules ou près des racines des grands arbres ; mais jamais, à l'instar des écureuils ordinaires, il ne bâtit son nid sur l'enfourchure des branches, bien qu'il puisse aussi chercher un asile sur les arbres lorsqu'on le poursuit. Son terrier a plusieurs issues, et il y réserve plusieurs chambres pour emmagasiner ses provisions. Cette espèce qu'on peut appeler à juste titre écureuil de terre, se rapproche des hamsters par ses poches buccales ; sa tête est plus allongée que dans l'écureuil rouge ;

ses oreilles sont arrondies et ne portent pas de pinceau; son poil est arrangé en rond autour de sa queue et l'animal la porte souvent retroussée : son pelage se distingue par la raie blanche encadrée de noir qui borde ses flancs.

LA MARMOTTE.

Qui de nous ne connaît la marmotte, qui ne l'a vue saisir un bâton, gesticuler, danser et obéir en tout point à la voix de son maître, du pauvre petit ramoneur dont elle est à-la-fois et l'amie et le gagnepain ? Comme lui, elle descend des montagnes de la Savoie et comme lui aussi, isolée au milieu de nos villes, elle regrette ses Alpes et ses compagnes rustiques. La marmotte, à l'état de liberté, marche avec assez de vitesse, grimpe sur les arbres et monte avec une grande facilité entre deux parois de rochers. Elle n'habite jamais que la région des neiges, et bien qu'on ne la trouve que sur les plus hautes montagnes, elle est cependant plus sujette que tout autre animal à s'engourdir par le froid.

C'est ordinairement à la fin de septembre ou au commencement d'octobre qu'elle se recèle dans sa retraite pour n'en sortir qu'au mois d'avril; cette retraite est faite avec précaution et meublée avec art. La marmotte la creuse au penchant de quelque haute vallée et du côté qui jouit le plus long-temps de la présence du soleil. Sa forme est à-peu-près celle d'un Y, c'est-à-dire, qu'un corridor long et étroit conduit à une chambre plus large d'où partent deux galeries qui se prolongent en s'écartant l'une de l'autre. La première galerie communique avec l'extérieur, elle a ordinairement huit à neuf pieds de long ; la chambre dans laquelle elle débouche, est plus ou moins grande suivant que la famille est plus ou moins nombreuse. Quelques-unes n'ont que deux pieds de diamètre, d'autres en ont jusqu'à six. La forme de cette chambre ressemble à un four. Le plancher en est battu et parfaitement uni, il est matelassé de toutes parts par une couche épaisse de foin ; une des deux galeries paraît destinée à recevoir les excrémens de ces animaux, l'usage de l'autre est encore ignoré. Dès que le printemps a réchauffé la nature, les marmottes quittent leur séjour d'hiver, mais elles y rentrent chaque nuit. Les plus vieilles sortent de grand matin, coupent de l'herbe et s'occupent activement jusqu'à l'heure où le soleil étant assez élevé sur l'horizon, elles peuvent faire sortir les petits ; elles rentrent alors et les ramenent bientôt avec elles. Pendant que les pères et mères poursuivent leur travail, les jeunes marmottes font mille culbutes, courent l'une après l'autre jusqu'à ce qu'enfin, lasses de jouer, elles se couchent ou s'asseyent gravement à terre, le nez tourné vers le soleil et les pattes antérieures croisées sur leur poitrine. Si quelque ennemi s'avance, la troupe est à l'instant avertie de faire retraite : une sentinelle placée sur un monticule voisin, donne le signal par un coup de sifflet fort aigu : toutes aussitôt font un saut et s'enfoncent dans leurs terriers.

Les jeunes marmottes, même avant la fin de l'été, sont en état d'aider leurs parens ; elles travaillent avec eux à ramasser le foin pour l'hiver. La provision est achevée en septembre, et aussitôt que le froid se fait sentir un peu vif, elles bouchent l'entrée de leur domicile avec de la terre qu'elles retirent des galeries et qu'elles battent très fortement. Elles ne commencent à s'engourdir que plusieurs jours après cette opération, mais une fois plongées dans la torpeur, elles ne se réveillent que lorsqu'elles sentent l'influence d'une douce température ; on peut alors les emporter sans qu'elles donnent le moindre signe de vie. La marmotte vit une dizaine d'années.

FIGURE 29.

Le rat.

Sous le nom générique de rat, on a confondu plusieurs espèces de petits animaux, mais ce nom n'appartient réellement qu'à l'espèce dont le pelage est noirâtre et qui vit dans nos maisons. Le rat est assez connu par l'incommodité qu'il nous cause ; il habite ordinairement les granges, les greniers, les caves, et de là se répand dans les maisons. Il est carnassier et même omnivore ; il ronge la laine, les étoffes, les meubles, perce le bois, fait des trous dans les murs, se loge dans l'épaisseur des planchers, dans les vides de la charpente ou de la boiserie ; il en sort pour chercher sa subsistance, et souvent il y transporte tout ce qu'il peut traîner ; il y fait même quelquefois magasin, surtout lorsqu'il a des petits. Il produit plusieurs fois par an, ses portées ordinaires sont de 5 ou 6 petits. Il recherche les lieux chauds et se niche en hiver auprès des cheminées ou dans le foin, et dans la paille. Malgré les chats, le poison, les pièges, les appâts, ces animaux pullulent si fort, qu'ils causent souvent de grands dommages, et qu'on serait obligé de démeubler et de déserter sa maison, s'ils ne se détruisaient eux-mêmes en se mangeant entre eux, lorsque la faim les presse. On sait qu'une des raisons principales qui ont empêché l'administration municipale de Paris de transférer ailleurs la voirie de Montfaucon, a été l'immense quantité de rats qui existent dans les environs ; on a craint que ces animaux, privés des cadavres et des immondices de toute espèce dont ils se repaissent dans cette voirie, ne se jetassent dans les maisons voisines, qui seraient bientôt minées et détruites par leurs excavations

On croit que le rat a été introduit en Europe vers le moyen âge.

LA SOURIS.

La souris, beaucoup plus petite que le rat, est aussi plus nombreuse et plus commune. Elle a le même instinct, le même naturel et n'en diffère que

FIGURE 30.

La souris.

par la faiblesse et les habitudes qui l'accompagnent. Timide par nature, familière par nécessité, la peur ou le besoin fait tous ses mouvemens ; elle ne sort de son trou que pour chercher de quoi vivre, elle ne s'en écarte guère, y rentre à la première alerte, et ne va pas, comme le rat, de maison en maison, à moins qu'elle n'y soit forcée. Plus faible, elle a plus d'ennemis, auxquels elle ne peut se soustraire que par son agilité, sa petitesse même. Les chouettes, les effrayes, les ducs et tous les oiseaux de nuit en général, les chats, les fouines, les belettes, les rats même lui font la guerre ; la race en serait depuis long-temps détruite, si elle ne réparait ses pertes par une immense fécondité. Tel est l'ordre de la Providence ; plus une espèce a d'ennemis, plus elle se reproduit promptement. Les souris produisent dans toutes les saisons, et plusieurs fois par an; les portées ordinaires sont de 5 ou 6 petits; en moins de quinze jours, ceux-ci prennent assez de force et de croissance pour se disperser et pourvoir eux-mêmes à leur subsistance. Ces animaux se rencontrent dans tous les pays habités, ils suivent l'homme, ou pour mieux dire, le pain, le fromage, le lard et les autres alimens dont il fait sa nourriture.

LE LOIR ET LE LÉROT.

Le loir se reconnaît à son pelage gris-brun en dessus, blanchâtre en dessous, à sa queue garnie de longs poils et à ses yeux bordés de brun foncé. Il habite les forêts, grimpe sur les arbres, saute de branche en branche et se nourrit de faînes, de noisettes et de châtaignes. Ses mœurs ressemblent à celles de l'écureuil; mais au lieu de placer son nid sur les arbres comme cet animal, il se fait un lit de mousse dans le creux des vieux troncs ou dans les fentes des rochers élevés. Aux approches de l'automne, les loirs ramassent des provisions, et quand la température est devenue froide, ils se réunissent plusieurs dans le même trou, se serrent les uns contre les autres et se mettent en boule pour offrir moins de surface à l'air et conserver un peu de chaleur pendant le temps de leur engourdissement. C'est ainsi qu'on les trouve en hiver dans les arbres creux, dans les trous de murs exposés au midi; ils y gisent sans aucun mouvement sur de la mousse et des feuilles; on les prend, on les tient, on les roule sans qu'ils remuent, sans qu'ils s'étendent; rien ne peut les faire sortir de leur engourdissement qu'une chaleur douce et graduée ; ils meurent lorsqu'on les met tout-à-coup près du feu ; il faut, pour les dégourdir, les en approcher par degré. Les loirs s'abstiennent de manger pendant tout le temps de leur engourdissement, et comme ils sont excessivement gras en automne, cette abondance de graisse leur tient lieu en quelque sorte de nourriture intérieure ; elle suffit pour les soutenir et pour suppléer à ce qu'ils perdent par la transpiration. Au reste, comme le froid est la seule cause de leur engourdissement, et qu'ils ne tombent dans cet état que lorsque la température de l'air est au-dessous de dix ou douze degrés ; il arrive souvent que, par de tièdes journées d'hiver, les loirs se raniment et mangent les provisions qu'ils ont rassemblées pendant l'automne et qu'ils ont transportées dans leurs retraites. Ces animaux étaient très recherchés par les Romains qui prisaient leur chair à l'égal des mets les plus délicats : ils en élevaient une grande quantité et les nourrissaient dans des garennes. Le lérot, moins farouche que le loir, habite nos jardins : l'espèce en est aussi plus répandue, et il y a peu de campagnes qui n'en soient infestées. Ils se nichent dans les trous de murailles, courent sur les arbres en espalier, choisissent les meilleurs fruits et les entament tous dans le temps qu'ils commencent à mûrir ; ce sont surtout les pêches qu'ils attaquent de préférence. Si les fruits doux leur manquent, ils mangent des noix, des amandes, des noisettes ; ils en transportent une provision dans leurs retraites qu'ils pratiquent en terre, et souvent aussi dans de vieux arbres creux. Le froid les engourdit et la chaleur les ranime ; on en trouve quelquefois huit ou dix dans le même lieu , tous serrés en boule au milieu de leurs amas de noix ou de noisettes.

On trouve des lérots dans tous les climats tempérés de l'Europe.

FIGURE 31.

Le castor.

S'il était permis de douter , au milieu des merveilles de la nature , qu'une intelligence divine préside à l'harmonie des mondes , l'histoire du castors suffirait seule pour nous prouver que rien n'est laissé au hasard, et que la Providence a donné à chaque animal l'instinct nécessaire pour sa propre conservation.

Les castors habitent l'Amérique du nord; on sait qu'ils construisent des digues et forment des étangs assez profonds, pour pouvoir y plonger sous la glace, même dans les plus forts hivers. Ce travail, au-dessus des forces d'un seul individu, est exécuté par une association de plusieurs familles; les cabanes seules sont l'ouvrage de ceux qui doivent les habiter. Lorsque la digue est finie, les constructeurs se divisent en petites troupes, dont chacune pourvoit à son logement et le dispose suivant sa convenance. Les cabanes destinées à ne recevoir qu'un petit nombre d'habitans, sont mesurées pour que l'espace y soit aussi exactement rempli, que dans celles d'une plus grande capacité et qui seront plus peuplées. Les murs de ces habitations sont crépis et capables d'une grande résistance; des branches d'arbres en forment le tissu, et les intervalles sont remplis par des herbes et des mousses gâchées, pétries avec de la terre humide prise au fond de l'étang ou sur les bords; des pierrailles entrent aussi dans cette maçonnerie qui prend avec le temps une grande dureté, surtout en hiver. A l'entrée de cette saison, les propriétaires d'une cabane ont soin de la visiter à l'extérieur, de boucher toutes les fentes qui la rendraient moins solide et moins close, de l'enduire d'une couche de terre détrempée que la gelée durcit bientôt. Ordinairement deux familles sont logées sous le même toit et forment une réunion d'une douzaine d'individus. C'est là, dans cette espèce de forteresse, au milieu des provisions qu'ils ont faites au temps de la belle saison, qu'ils se livrent pendant l'hiver aux douceurs du repos et de la société.

Ces animaux sont d'une extrême timidité ; ils ne travaillent que la nuit et avec une grande célérité. La porte de leur cabane est toujours opposée à la rive la plus rapprochée ; cette ouverture unique se prolonge jusqu'au sol qui supporte la maçonnerie, en sorte qu'une partie de sa hauteur plonge constamment dans l'eau. Les magasins sont vis-à-vis ; le castor abat avec ses dents incisives des troncs de saules, de peupliers ou d'autres bois tendres dont il ne réserve que l'écorce. Les racines du nénuphar jaune complètent ses provisions de bouche.

Cette prévoyance des besoins futurs n'est pas la seule qualité du castor, il est aussi habile constructeur. Mais qui donc, si ce n'est la Providence, a mis l'équerre et le niveau dans l'œil de cet animal ? qui donc, si ce n'est la Providence, a enseigné à ce singulier ingénieur les lois de l'hydraulique et l'a rendu si habile avec ses deux dents incisives et sa queue aplatie ? Si le courant est faible et si l'ouvrage n'a que très peu d'étendue, les castors élèvent la digue en ligne droite ; au contraire, si les eaux sont abondantes, le courant rapide ou la digue très longue, ils la courbent en arc dont la convexité est opposée à l'effort des eaux.

Pour que cette admirable industrie reçoive son effet, il faut que les castors jouissent d'une complète sécurité. Sont-ils inquiétés, ils abandonnent leurs étangs et leurs cabanes et n'en construisent plus. Dans cette extrémité, l'animal déploie toutes les ressources de son instinct ; il creuse des terriers au bord d'une rivière et les multiplie de telle sorte que ces asiles ne puissent être découverts tous à-la-fois, et qu'il ait la faculté d'aller de l'un à l'autre, sans être aperçu, en plongeant sous l'eau. Quelquefois, avant de renoncer aux avantages que procurent les étangs et les cabanes, toute la population se met à creuser des terriers autour de l'étang : ce sont des lieux de refuge dans le cas où les cabanes seraient forcées ; le castor le rend assez spacieux pour pouvoir y respirer à l'aise sans se montrer à découvert, il ne s'y rend jamais qu'en plongeant.

Le castor n'a d'autres instrumens de travail que ses dents, ses pattes antérieures et sa queue. Ses dents lui tiennent lieu de hache et de scie ; ses pattes font l'office de mains, et sa queue sert de masse pour battre le mortier, l'appliquer contre le tissu des branches entrelacées et le faire pénétrer dans les interstices : il est donc à-la-fois architecte, charpentier et maçon.

Malheureusement pour lui, sa fourrure recherchée par les chasseurs qui en font un commerce considérable, lui suscite de nombreux ennemis. Quand vient la saison rigoureuse, on lui dresse des pièges de tous côtés ou bien on l'attaque à force ouverte dans sa retraite : ce dernier moyen est surtout employé autour de la baie d'Hudson. Cette chasse était encore si fructueuse il y a quelques années, en 1820, qu'une seule compagnie de commerce vendit jusqu'à 60,000 peaux de castor ; mais depuis, le nombre de ces animaux a bien diminué, et le temps n'est pas éloigné peut-être, où par suite de l'imprévoyance des chasseurs, la race tout entière de ce précieux quadrupède disparaîtra de la surface du globe.

FIGURE 32.

Le porc-épic.

Cet animal, originaire de l'Afrique, se trouve également dans les parties chaudes de l'Espagne et de l'Italie. Comme tous ceux que la nature semble n'avoir armés que pour la défensive, il n'a qu'un instinct repoussant et farouche; lorsqu'on l'approche, il trépigne des pieds, et vient en sifflant présenter ses piquans qu'il hérisse et secoue; mais il n'est pas vrai, comme on le croit généralement, qu'il ait la faculté de les lancer à une assez grande distance. Ce qui a donné lieu à cette fable, c'est que lorsque le porc-épic est irrité, il redresse ses piquans et les remue; il peut alors arriver que, dans ce mouvement, plusieurs des dards, qui ne tiennent à la peau que par une espèce de pédicule fort mince, viennent à se détacher ; mais une fois séparés du corps de l'animal, ils gisent à terre et ne sont plus dangereux. A l'état de liberté, il vit de racines et de fruits, dort beaucoup pendant le jour et ne sort guère que le soir : il mange assis, et en tenant entre ses pattes les pommes et autres fruits à pepin, qu'il pèle avec les dents. Les armes extérieures qui protègent le porc-épic, sa voix grognante et son museau court et tronqué, semblable à celui du porc, lui ont fait donner le nom sous lequel on le désigne.

LE LIÈVRE.

Le lièvre dort ou se repose au gîte pendant le jour, et ne vit pour ainsi dire que la nuit : c'est pendant la nuit qu'il se promène, qu'il mange et qu'il s'accouple ; par un clair de lune, il n'est pas rare de voir ces animaux jouer ensemble, sauter et courir les uns après les autres ; mais le moindre mouvement, le bruit d'une feuille qui tombe, suffisent pour troubler leurs jeux : ils fuient chacun d'un côté différent.

Les lièvres dorment les yeux ouverts ; ils n'ont pas de cils aux paupières, et, par suite de la position de leurs yeux placés tout-à-fait sur les côtés de la tête, ils ne peuvent voir en face. En revanche, ils ont le sens de l'ouïe très développé, et la course très rapide. Comme ils ont les jambes de devant beaucoup plus courtes que celles de derrière, il leur est plus commode de courir en montant qu'en descendant ; aussi, quand ils sont poursuivis, commencent-ils toujours par gagner la montagne : leur mouvement dans leur course est une espèce de galop, une suite de sauts très prestes et très pressés ; ils marchent sans faire aucun bruit, parce qu'ils ont les pieds couverts et garnis de poils, même par dessous.

Le lièvre ne manque pas d'instinct pour sa propre conservation, ni de sagacité pour échapper à ses ennemis. Il se forme un gîte ; il choisit en hiver les lieux exposés au midi, et en été, il se loge au nord : il se cache, pour n'être pas vu, entre des mottes qui sont de la couleur de son poil. Lorsque les lièvres sont lancés et poursuivis, il courent, tournent et retournent sur leurs pas et dirigent leur fuite du côté opposé au vent. En général, ceux qui sont nés dans le lieu même où on les chasse, ne s'en écartent guère. Ils reviennent au gîte, et si on les chasse deux jours de suite, ils font le lendemain les mêmes tours et détours qu'ils ont faits la veille. Lorsqu'un lièvre va droit et s'éloigne beaucoup du lieu où il a été lancé, c'est une preuve qu'il est étranger et qu'il n'était en ce lieu qu'en passant.

Le lièvre, au gîte, se laisse souvent approcher de fort près surtout si l'on ne fait pas semblant de le regarder, et si au lieu d'aller directement à lui, on tourne obliquement pour l'approcher. L'été il se tient volontiers dans les champs ; en automne, dans les vignes, et l'hiver dans les buissons ou les bois ; mais dans toute saison, l'homme, les oiseaux de proie, les bêtes fauves lui font une guerre acharnée et le laissent jouir bien rarement du peu de jours qui lui sont comptés. La femelle ne produit guère plus de deux portées de deux petits chacune ; les chasseurs l'appellent *hase*, le mâle fait, se nomme *bouquin*.

FIGURE 33.

Le lapin.

La fécondité du lapin est si prodigieuse dans les
pays qui lui conviennent, que la terre ne peut fournir à la subsistance de ces animaux; il détruisent
les herbes, les racines, les grains, les fruits, les
légumes et même les arbrisseaux et les arbres en
rongeant l'écorce et les jeunes pousses, et si l'on n'a-
vait contre eux le secours des furets et des chiens, ils
feraient déserter les habitans de la campagne.
Non-seulement le lapin produit plus souvent et en
plus grand nombre que le lièvre, mais il a aussi
plus de ressources pour échapper à ses ennemis; il
se soustrait aisément aux yeux de l'homme; les
trous qu'il se creuse dans la terre où il se retire
pendant le jour, le mettent à l'abri du renard et
de l'oiseau de proie, et lui permettent d'y vivre
avec sa famille en pleine sécurité. Timide à l'excès
comme le lièvre, il a bien vite disparu au fond de

son trou au moindre danger; surpris par les chiens pendant qu'il est au gîte dans un bois, il tourne, retourne, se glisse dans les herbes, derrière les buissons, croise sa course et par des bonds fréquens leur dissimule sa trace; est-il trop poussé par ses ennemis, il fait un crochet et pique droit à son terrier laissant au bord les chiens désappointés.

Le lapin vit huit ou neuf ans; la femelle produit six à huit petits à chaque portée; pendant les deux premiers jours de leur naissance, elle ne les quitte que pour aller prendre sa nourriture; elle les allaite pendant six semaines environ, ne les fait sortir de leur retraite pour les amener au-dehors, que quand ils sont tout élevés et leur évite par là tous les inconvéniens du bas-âge. La chair des jeunes lapereaux est très délicate; celle des vieux lapins est toujours sèche et dure.

FIGURE 34.

Le cabiai.

Ce petit animal, désigné généralement sous le nom de cochon d'Inde, est originaire de l'Amérique du sud. Introduit depuis long-temps en Europe, il s'y est multiplié avec une prodigieuse rapidité. Deux mois après leur naissance, les petits sont en état de se reproduire ; les premières portées sont de quatre à cinq, les autres vont jusqu'à dix, de sorte qu'avec une seule paire on pourrait en avoir près d'un millier au bout d'un an. Mais cette prodigieuse multiplication se trouve heureusement arrêtée par diverses causes qui en font périr un grand nombre ; le froid et l'humidité leur sont particulièrement funestes. Ces animaux passent la plus grande partie de leur vie à manger et à dormir. Leur sommeil est court, mais fréquent ; ils mangent à toute heure du jour et de la nuit. Ils se nourrissent de toutes sortes d'herbes et recherchent avec une grande avidité les pommes et les autres fruits. Ils mangent précipitamment, peu à-la-fois, mais très souvent. Leur voix ressemble au grognement d'un petit cochon de lait ; le plaisir chez eux s'exprime par un petit gazouillement, et la douleur par un cri fort aigu. Délicats et frileux, ils exigent une température chaude et un endroit bien sec ; lorsqu'ils sentent le froid, ils se blottissent les uns contre les autres pour se réchauffer ; leurs mœurs, du reste, n'offrent d'autre particularité qu'une grande douceur, mais ils ne sont pas susceptibles d'attachement.

CHAPITRE IV.

LES MARSUPIAUX.

Les animaux de cet ordre offrent dans leur organisation nue particularité remarquable qui entraîne
un mode exceptionnel de reproduction.

Les jeunes marsupiaux, au lieu de venir au monde
comme les autres mammifères, naissent dans un tel
état d'imperfection, qu'on ne peut les comparer qu'à
des embryons à peine ébauchés. Ce sont de petits
corps gélatineux, informes et incapables de mouvement, dont les divers organes ne sont pas encore dis-
tincts, et dont l'existence serait impossible si la Providence n'avait assuré leur conservation par des
moyens particuliers. Au lieu de jouir, aussitôt après
leur sortie du sein de leur mère, d'une vie indépen-

dante, ces petits êtres sont déposés sur ses mamelles,
et se greffent en quelque sorte à la tétine; ils y restent suspendus pendant assez long-temps, et afin de
les protéger pendant cette période de leur développement, leur mère, est pourvue, en général, d'une
espèce de poche profonde, formée par un prolonge-
ment de la peau du ventre, au-devant des mamelles,
et qui leur sert de demeure. C'est de l'existence de
cette poche que les marsupiaux appelés aussi *animaux à bourse,* tirent leur nom.

Les jeunes marsupiaux achèvent leur développement dans l'intérieur de cette poche, suspendus chacun à une tétine qui pénètre fort avant dans leur
bouche et qui verse le lait dans leur gosier. Arrivés
à un certain âge, ils se détachent, mais ils conti-
nuent encore à téter, et même, lorsqu'ils sont sortis
de la poche qui jusqu'alors leur avait servi de demeure, ils y cherchent encore, pendant long-temps,
un refuge contre le froid ou les dangers dont ils sont
menacés.

Les marsupiaux sont des animaux particuliers à
la Nouvelle-Hollande.

LE KANGOUROO.

Les plus remarquables sont les kangouroos de la
taille à-peu-près d'un chevreuil, que l'on reconnaît
sans peine, à la singulière disposition de leurs pattes. Celles de devant, extrêmement petites, ne
servent guère à la marche. L'animal les emploie
comme des mains pour saisir les herbes et les racines dont il se nourrit. Les pattes de derrière sont

au contraire fort robustes ; et la queue grosse et musculeuse est pour l'animal comme une cinquième patte. On rencontre le kangouroo toujours debout sur le train de derrière, s'appuyant sur sa queue pour se maintenir dans cette position; il s'avance en faisant des bonds prodigieux avec une aisance et une légèreté remarquable. La queue, en repoussant le sol, lance le kangouroo en avant comme un ressort. C'est un des plus curieux, en même temps que des plus paisibles habitans des plaines sablonneuses de l'Océanie

CHAPITRE V.

LES ÉDENTÉS.

Les mammifères, rangés dans cet ordre, n'ont pas de dents sur le devant de la bouche ; leurs ongles, très gros, enveloppent l'extrémité des doigts. La plupart de ces animaux sont remarquables par la lenteur de leurs mouvemens.

LE PARESSEUX.

Cet animal offre, au premier coup-d'œil, quelque chose de si bizarre et de si disproportionné dans sa structure, qu'on serait tenté de le prendre pour le produit d'un jeu de la nature ; mais lorsqu'on étudie ses mœurs, on voit que son organisation est parfaitement appropriée à son genre de vie. A terre, le paresseux est tout-à-fait impuissant ; son corps court et ramassé, porté sur des membres de longueur inégale, l'oblige à se traîner sur les coudes ; mais cette conformation spéciale lui permet, en revanche, de grimper avec facilité sur les arbres et de s'y cramponner en déployant le moins de force possible. C'est aussi sur les arbres que le paresseux passe sa vie ; il s'y nourrit de feuilles et ne quitte une branche qu'après l'avoir entièrement dépouillée. On le trouve dans les forêts de l'intérieur de l'Amérique méridionale.

FIGURE 35.

Les tatous.

Les Tatous sont des animaux de petite ou de moyenne taille, à corps épais et bas sur jambes, caractérisés par la cuirasse écailleuse composée de petits compartimens analogues à une mosaïque, qui protège leur tête, leur corps et souvent aussi leur queue. Cette substance, que plusieurs naturalistes considèrent comme des poils agglutinés, forme un bouclier sur le front, un second très grand qui couvre les épaules et qui est suivi de plusieurs bandes parallèles et mobiles, lesquelles se joignent, à leur tour, à un troisième bouclier placé sur la croupe; la queue est garnie, tantôt d'anneaux, tantôt de simples tubercules, ainsi que les jambes; enfin quelques poils épars se montrent entre les écailles ou sur la partie de la peau qui est dépourvue de ces plaques. Ces animaux ont les pattes armées d'ongles très grands et propres à fouir; aussi se creusent-ils des terriers. Ils vivent en partie de végétaux et en partie d'insectes : tous sont originaires des parties chaudes ou tempérées de l'Amérique.

CHAPITRE VI.

—

LES PACHIDERMES.

Les animaux de cet ordre sont caractérisés par leur peau très épaisse, garnie de poils rares chez le plus grand nombre, et par l'extrémité de leurs doigts qui est toujours enveloppée de sabots. Ils ont en général le port lourd ; tous se nourrissent de matières végétales. C'est aux pachydermes qu'il faut rapporter l'éléphant, le rhinocéros, le sanglier, le cheval, l'âne et le zèbre.

L'ÉLÉPHANT.

L'éléphant est, si nous voulons ne pas nous compter, l'être le plus considérable de ce monde ; il surpasse tous les animaux terrestres en grandeur, et il approche de l'homme par le développement de ses facultés instinctives, autant que la matière peut

FIGURE 36.

L'éléphant.

approcher de l'esprit, c'est-à-dire qu'il est au-dessus
de la plupart des animaux, mais qu'il est encore à
une infinie distance au-dessous de l'espèce humaine.
L'éléphant réunit les qualités les plus éminentes.
Au moyen de sa trompe qui lui sert de bras et de
main, il peut enlever et saisir les plus petites
choses comme les plus grandes, les porter à sa
bouche, les poser sur son dos, les tenir embras-
sées et les lancer au loin. Comme le chien, il est
susceptible de reconnaissance et capable d'un fort
attachement ; il s'accoutume aisément à l'homme,
se soumet à lui moins par la force que par les bons

traitemens, le sert avec zèle, avec fidélité, avec sagacité. Aussi les anciens regardaient-ils cet animal
comme un prodige, un miracle de la nature. Ils
ont beaucoup exagéré ses facultés naturelles, et lui
ont attribué, sans hésiter, des qualités intellectuelles
que l'homme seul possède.

En écartant les fables de la crédule antiquité, il
reste encore assez à l'éléphant pour qu'on doive le
regarder comme un être de la première distinction,
tout-à-fait digne d'être connu et d'être observé.

Dans l'état sauvage, l'éléphant n'est ni sanguinaire ni féroce ; il est d'un naturel doux, et jamais
il n'emploie sa force que pour se défendre lui-
même ou protéger ses semblables. Il a les mœurs
sociales ; on le voit rarement errant ou solitaire ;
il marche ordinairement de compagnie. Le plus âgé
conduit la troupe, le second d'âge la fait aller et
marche le dernier ; les jeunes et les faibles sont au
milieu des autres. Ces animaux aiment le bord des
fleuves, les profondes vallées, les lieux ombragés
et les terrains humides. Leurs alimens ordinaires
sont des racines ; des herbes, des feuilles et du bois
tendre : ils mangent aussi des fruits et des grains.

L'éléphant une fois dompté, devient le plus doux,
le plus obéissant de tous les animaux ; il s'attache
à celui qui le soigne : il le caresse, le prévient et
semble deviner tout ce qui peut lui plaire ; en peu
de temps il vient à comprendre les signes et même
à entendre l'expression des sons ; il distingue le
ton impératif, celui de la colère ou de la satisfac-
tion, et il agit en conséquence. Il ne se trompe pas
à la parole de son maître ; il reçoit ses ordres avec
attention, les exécute avec prudence, avec empres-
sement, sans précipitation, car ses mouvemens

sont toujours mesurés. On lui apprend aisément à fléchir les genoux pour donner plus de facilité à ceux qui veulent le monter ; il caresse ses amis avec sa trompe , ou salue les gens qu'on lui fait remarquer ; il se sert encore de cette trompe pour enlever des fardeaux et aide lui-même à se charger ; on l'attache par des traits à des chariots , des charrues , des cabestans ; il tire également, continuellement et sans se rebuter, pourvu qu'on ne l'insulte pas par des coups donnés mal-à-propos. Souvent il suffit de la parole pour le conduire, surtout s'il a eu le temps de faire connaissance complète avec son cornac et de prendre en lui une entière confiance ; son attachement devient quelquefois si fort, si durable et son affection si profonde, qu'il refuse ordinairement de servir sous tout autre , et qu'on l'a vu mourir de regret d'avoir, dans un accès de colère , tué son gouverneur.

La force de ces animaux est proportionnée à leur grandeur. Les éléphans des Indes portent aisément trois ou quatre milliers. Ils parcourent, au pas ordinaire, à-peu-près autant de chemin qu'un cheval en fait au petit trot, et autant qu'un cheval au galop, lorsqu'ils courent. Ils font aisément , et sans fatigue , quinze ou vingt lieues par jour et même davantage si on les presse.

Un éléphant domestique rend peut-être à son maître plus de services que cinq ou six chevaux , mais il lui faut du foin et une nourriture abondante. On lui donne ordinairement du riz cru ou cuit, mêlé avec de l'eau. Il apprend aisément à se laver lui-même ; il prend de l'eau dans sa trompe , il la porte à sa bouche pour boire , et ensuite en retournant sa trompe , il laisse couler le reste à flot sur toutes les parties de son corps. Pour donner une idée des services qu'il peut rendre, il suffira de dire que tous les tonneaux, sacs, paquets qui se transportent d'un lieu à un autre dans les Indes, sont voiturés par les éléphans, qu'ils peuvent porter des fardeaux sur leur corps, sur leur cou, sur leurs défenses et même avec leur gueule, si on leur présente le bout d'une corde qu'ils serrent avec les dents.

Les défenses d'éléphans fournissent la substance connue sous le nom d'ivoire.

LE RHINOCÉROS.

Après l'éléphant, le rhinocéros est le plus puissant des animaux quadrupèdes ; il en approche pour le volume et la masse ; mais il en diffère beaucoup par les facultés naturelles. Du reste la Providence lui a donné assez d'armes pour suppléer à ce qui lui manque du côté de l'instinct : il a sur le nez une corne très dure qui défend toutes les parties supérieures du museau ; son corps et ses membres sont recouverts d'une enveloppe impénétrable, et cet animal ne craint ni la griffe du tigre, ni l'ongle du lion, ni le fer, ni le feu du chasseur ; cette peau est en cuir noirâtre beaucoup plus épais et beaucoup plus dur que celui de l'éléphant ; inflexible partout ailleurs, elle est seulement plissée par de grosses rides au cou, aux épaules et à la croupe, pour faciliter les mouvemens de la tête et des jambes.

Le rhinocéros, sans être ni féroce, ni carnassier, ni même extrêmement farouche, est cependant intraitable; il est à-peu-près en grand ce que le cochon est en petit, brusque et brut sans sentiment et sans docilité; ces animaux sont aussi très enclins à se vautrer dans la boue et à se rouler dans la fange; ils aiment les lieux humides et marécageux; aussi les trouve-t-on presque toujours sur le bord des rivières.

La corne du rhinocéros est plus estimée des Indiens que l'ivoire de l'éléphant, non pas tant à cause de la matière même avec laquelle cependant ils font plusieurs ouvrages au tour et au ciseau, qu'à cause des propriétés médicinales qu'ils lui attribuent. Dans les présens que le roi de Siam envoya à Louis XIV en 1686, il y avait plusieurs cornes de rhinocéros.

Le rhinocéros se nourrit d'herbes grossières, de chardons, d'arbrisseaux épineux, et il préfère ces alimens agrestes à la douce pâture des plus belles prairies; il aime beaucoup les cannes à sucre et mange aussi de toutes sortes de grains; n'ayant nul goût pour la chair, il n'inquiète pas les petits animaux; il ne craint pas les grands et vit en paix avec tous et même avec le tigre, qui souvent l'accompagne sans oser l'attaquer.

Les rhinocéros ne se rassemblent pas en troupes comme les éléphans; on n'en voit guère que deux ou trois ensemble: quelquefois cependant ils marchent en plus grande compagnie, tenant leurs têtes baissées comme les cochons; ils courent plus vite qu'un cheval. Ils sont plus solitaires, plus sauvages et peut-être plus difficiles à vaincre que l'éléphant. Ils n'attaquent pas les hommes à moins qu'ils ne soient provoqués; mais alors ils se mettent en fureur, et sont très redoutables. L'acier de damas, les sabres du Japon n'entament pas leur peau; les javelots et les lances ne peuvent la percer, elle résiste même aux balles du mousquet; celles de plomb s'aplatissent sur le cuir, et les lingots de fer ne le pénètrent pas en entier; les seuls endroits vulnérables dans ce corps cuirassé sont le ventre, les yeux et le tour des oreilles; aussi les chasseurs au lieu d'attaquer cet animal de face et debout, le suivent de loin sur ses traces et attendent pour l'approcher les heures où il se repose et s'endort.

En lisant l'histoire de l'éléphant et du rhinocéros, c'est-à-dire des deux plus puissans animaux qui habitent la terre, n'a-t on pas été frappé de la sagesse avec laquelle le créateur a organisé les êtres? si ces deux quadrupèdes avaient les appétits carnassiers du tigre et du lion, quels épouvantables ravages ne causeraient-ils pas dans la nature? qui pourrait résister à une bande d'éléphans et de rhinocéros venant furieux et altérés de sang assaillir une de ces bourgades des pays chauds, dont ils renverseraient et détruiraient sans peine les légères cabanes? Que faire contre des animaux assez bien défendus pour braver les coups des armes les plus terribles? Mais non; Dieu a voulu donner l'empire de la terre à l'homme et non pas à telle ou telle espèce d'animaux féroces. L'homme avec ses armes ordinaires peut triompher de toutes les bêtes carnassières; et celles dont les attaques seraient irrésistibles, ont reçu des appétits tranquilles, un instinct pacifique. Jamais l'homme n'a rien à craindre de l'éléphant, ni du rhinocéros, s'il ne va pas lui-même les provoquer dans les solitudes qu'ils habitent.

FIGURE 37.

Le sanglier.

Le sanglier est le type de nos cochons domestiques. Cet animal vit dans les forêts et se nourrit de racines, de glands et de faînes. La laie ne porte qu'une fois l'an. Ses petits, appelés marcassins, ne se séparent pas les uns des autres jusqu'à l'âge de trois ans; ils suivent tous leur mère commune, et ne vont seuls que quand ils sont assez forts pour ne plus craindre les loups. Ils forment donc des espèces de troupes, et c'est de là que dépend leur sûreté : lorsqu'ils sont attaqués, ils résistent par

le nombre, ils se secourent, se défendent; les plus
gros font face à l'ennemi en se pressant en rond
les uns contre les autres, et en mettant les plus
petits au centre.

On chasse le sanglier à force ouverte avec des
chiens, ou bien on le tue à l'affût pendant la nuit,
au clair de lune. Le jour, il reste ordinairement
dans sa bauge, au plus épais et dans le plus fort
du bois; le soir il en sort pour chercher sa nourriture: en été, lorsque les grains sont mûrs, il n'est
pas rare de le rencontrer dans les blés et les avoines,
où il cause de grands dégâts.

FIGURE 38.

Le cochon.

De tous les quadrupèdes, le cochon paraît être l'animal le plus brut; toutes ses habitudes sont grossières, tous ses goûts sont immondes, toutes ses sensations se réduisent à une gourmandise brutale qui lui fait dévorer indistinctement tout ce qui se présente, et même sa progéniture au moment qu'elle vient de naître. La femelle ou truie porte deux fois par an et chaque portée est ordinairement de six ou huit petits; les cochonnets têtent pendant quatre ou cinq semaines, puis on les sèvre. L'âge le plus favorable pour l'engraissement est celui d'un an.

FIGURE 39.

Le cheval.

La plus noble conquête que l'homme ait jamais faite, est celle de ce fier et fougueux animal qui partage avec lui les fatigues de la guerre et la gloire des combats. Aussi intrépide que son maître, le cheval voit le péril et l'affronte ; il se fait au bruit des armes, il l'aime, il le cherche et s'anime de la même ardeur ; il partage aussi ses plaisirs à la chasse, aux tournois, à la course. Il brille, il étincelle, mais, docile autant que courageux, il ne se laisse point emporter à son feu ; il sait réprimer ses mouvemens ; non-seulement il fléchit sous la main de celui qui le guide, mais il semble consulter ses désirs, et obéissant toujours aux impressions qu'il reçoit, il se précipite, se modère ou s'arrête, et n'agit que pour y satisfaire : c'est une créature qui renonce à son être pour n'exister que par la volonté d'un autre, qui sait même la prévenir, qui, par la promptitude et la précision de ses mouvemens, l'exprime et l'exécute ; qui sent autant qu'on le désire, et ne rend qu'autant qu'on veut ; qui, se livrant sans réserve, ne se refuse à rien, sert de toutes ses forces, s'excède et même meurt pour mieux obéir.

Voilà le cheval dont les talens sont développés, dont l'art a perfectionné les qualités naturelles ; qui, dès le premier âge, a été soigné et ensuite exercé, dressé au service de l'homme ; c'est par la perte de sa liberté que commence son éducation, c'est par la contrainte qu'elle s'achève. Mais la nature est plus belle que l'art, et, dans un être animé, la liberté des mouvemens fait la belle nature. Voyez ces chevaux qui se sont multipliés dans les steppes de l'Amérique et qui vivent en chevaux libres ; leur démarche, leur course, leurs sauts ne sont ni gênés, ni mesurés ; fiers de leur indépendance, ils fuient la pré-

sence de l'homme, ils dédaignent ses soins; ils cherchent et trouvent eux-mêmes la nourriture qui leur
convient; ils errent, ils bondissent en liberté dans
des prairies immenses où ils cueillent les produc-
tions nouvelles d'un printemps toujours nouveau.
Sans habitation fixe, sans autre abri que celui d'un
ciel toujours serein, ils respirent un air plus pur que
celui de ces logemens voûtés où nous les renfer-
mons en pressant les espaces qu'ils doivent occuper:
aussi ces chevaux sauvages sont-ils plus forts, plus
légers, plus nerveux que la plupart des animaux
domestiques; ils ont ce que donne la nature, la force
et la noblesse, les autres n'ont que ce que l'art peut
donner : l'adresse et l'agrément.

Le naturel des chevaux n'est point féroce, ils sont
seulement fiers et sauvages. Quoique supérieurs par
la force à la plupart des autres animaux, jamais ils
ne les attaquent, et s'ils en sont attaqués, ils les dédaignent, les écartent ou les écrasent. Ils vont aussi
par troupes et se réunissent pour le seul plaisir d'être
ensemble, car ils n'ont aucune crainte, mais ils prennent de l'attachement les uns pour les autres.

Tout cela peut se remarquer dans les jeunes chevaux qu'on élève ensemble et qu'on mène en troupeaux; ils ont les mœurs douces et les qualités
sociales : leur force et leur ardeur ne se marquent
ordinairement que par des signes d'émulation; ils
cherchent à se devancer à la course, à se faire et
même à s'animer au péril, en se défiant à traverser
une rivière, sauter un fossé; et ceux qui, dans ces
exercices naturels donnent l'exemple, ceux qui
d'eux-mêmes vont les premiers, sont les plus géné-
reux, les meilleurs et souvent les plus dociles et les
plus souples lorsqu'ils sont une fois domptés.

Les variétés du cheval sont très nombreuses. Les plus sveltes et les plus légers à la course sont les chevaux arabes qui, par leur croisement avec les chevaux espagnols, ont produit la race anglaise; les plus robustes viennent des parties tempérées de l'Europe. La France en possède plusieurs races estimées, savoir : la race limousine qui fournit d'excellens chevaux de selle; les races normande et bretonne employées généralement comme chevaux de trait et les races boulonnaise et picarde affectées aux travaux de l'agriculture.

FIGURE 40.

L'âne.

Si l'on donnait à l'âne les mêmes soins et la même éducation qu'au cheval, il serait pour nous l'un des animaux les mieux faits et les plus beaux, indépendamment des services incontestables qu'il nous rend;

mais loin de là, ce pauvre serviteur est abandonné à la grossièreté du dernier des valets, et s'il n'avait un grand fonds de bonnes qualités, il les perdrait infailliblement par la manière dont on le traite : la plupart du temps il est la victime de rustres qui le conduisent le bâton à la main, qui le frappent, le surchargent et l'excèdent sans précautions et sans ménagement. L'âne, cependant, a tous les dons attachés à son espèce. Il est, de son naturel, aussi humble, aussi patient, aussi tranquille, que le cheval est fier, ardent, impétueux. Il souffre avec constance et courage les châtimens et les coups ; il est sobre et sur la quantité et sur la qualité de sa nourriture, et se contente des herbes les plus dures que le cheval et les autres animaux lui laissent et dédaignent.

Dans la première jeunesse il est gai et même assez joli ; il a de la légèreté et de la gentillesse, mais il la perd bientôt soit par l'âge, soit par les mauvais traitemens ; il devient lent, et pour dire toute la vérité, il tombe dans l'indocilité et l'entêtement ; en revanche, il s'attache à son maître quoiqu'il en soit ordinairement maltraité ; il le sent de loin et le distingue de tous les autres hommes. Il reconnaît aussi les lieux qu'il a coutume d'habiter et les chemins qu'il a fréquentés ; il a les yeux bons, l'odorat admirable, l'oreille excellente. Lorsqu'on le surcharge, il le marque en inclinant la tête et baissant les oreilles ; si on lui couvre les yeux, il reste immobile ; il marche, il trotte et il galope comme le cheval, mais, tous ces mouvemens sont petits et beaucoup plus lents ; quoiqu'il puisse d'abord courir avec assez de vitesse, il ne peut fournir qu'une courte carrière pendant un petit espace de temps ; et quelque allure qu'il prenne, si on le presse, il est bientôt rendu.

Le cheval hennit et l'âne brait, ce qui se fait par un grand cri, très long, très désagréable et discordant, par dissonnances alternatives de l'aigu au grave et du grave à l'aigu.

L'ânesse porte pendant douze mois et ne produit en général qu'un petit; l'ânon peut être sevré au bout de cinq ou six mois; sa vie ordinaire s'étend jusqu'à vingt-cinq ou trente ans.

De tous les animaux, l'âne est peut-être celui qui, relativement à son volume, peut porter les plus grands poids, et comme il ne coûte presque rien à nourrir et qu'il ne demande, pour ainsi dire, aucun soin, il est d'une grande utilité à la campagne. Il peut aussi servir de monture; toutes ses allures sont douces et il bronche moins que le cheval: dans certaines parties de la France, on l'attelle à la charrue en compagnie du cheval.

FIGURE 41.

Le zèbre.

Le zèbre, dit Buffon, est peut-être de tous les animaux quadrupèdes le mieux fait et le plus élégamment vêtu ; il a la figure et les grâces du cheval, la légèreté du cerf, et la robe rayée de rubans noirs et blancs, disposés alternativement avec tant de régularité et de symétrie, qu'il semble que la nature ait employé la règle et le compas pour la peindre : ces bandes alternatives de noir et de blanc sont d'autant plus singulières qu'elles sont étroites, parallèles et très exactement séparées comme dans une étoffé rayée ; que d'ailleurs elles s'étendent non seulement sur le corps, mais sur la tête, sur les cuisses et les jambes, et jusque sur les oreilles et la queue ; en sorte que, de loin, cet animal paraît comme s'il était environné partout de bandelettes qu'on aurait pris plaisir à disposer régulièrement sur toutes les parties de son corps ; elles en suivent les contours et en marquent si avantageusement la forme, qu'elles en dessinent les muscles en s'élargissant plus ou moins sur les parties plus ou moins charnues et plus ou moins arrondies. Dans la femelle, les bandes sont alternativement noires et blanches ; dans le mâle, elles sont noires et jaunes, mais toujours d'une nuance vive et brillante sur un poil court, fin et fourni dont le lustre augmente encore la beauté des couleurs. Le zèbre est en général plus petit que le cheval et plus grand que l'âne, mais il n'est la copie ni de l'un ni de l'autre, il serait plutôt leur modèle, si dans la nature tout n'était pas également original, et si chaque espèce n'avait pas un droit égal à notre admiration.

Les zèbres habitent principalement le cap de Bonne-Espérance. Leur caractère indomptable les a rendus jusqu'ici inutiles pour l'homme ; toutes les épreuves tentées en Angleterre et en France pour les réduire en domesticité ont échoué, mais il est juste de dire que la plupart des essais étaient mal dirigés, et que la réputation d'indocilité qui a suivi ces animaux jusque chez nous a lassé bien vite la patience de leurs maîtres. Rien n'indique que les zèbres doivent faire exception à cette loi générale établie par le créateur, qui a soumis tous les animaux à la volonté de l'homme.

CHAPITRE VII

LES RUMINANS.

Les ruminans se nourrissent de matières végétales. Ils ont, en général, huit incisives à la mâchoire inférieure; celles de la mâchoire supérieure manquent dans le plus grand nombre et sont remplacées par un bourrelet calleux. La plupart n'ont point de dents laniaires. Leur estomac est quadrilobé. Le premier lobe, nommé *panse*, est un réservoir où se rendent les alimens grossièrement broyés par une mastication incomplète. Le second lobe, appelé *bonnet*, est tapissé à l'intérieur de replis lamelleux semblables à des rayons d'abeilles; il reçoit les alimens au sortir de la panse; sa forme globuleuse les moule en pelottes arrondies; renroyés à la bouche, ils y subissent une seconde mastication qui n'a lieu que pendant le repos de l'animal et qui constitue la *rumination*. Le troisième lobe a reçu le nom de *feuillet*, et reçoit à son tour les alimens ruminés qui, de là, se rendent enfin dans un quatrième lobe connu sous le nom de *caillette*, et qu'on peut considérer comme l'organe central de la digestion.

Cet ordre renferme des animaux d'une grande utilité pour l'homme. C'est d'eux, en effet, qu'il tire presque toute la chair dont il se nourrit ; leur graisse refroidie constitue le suif ; leur peau travaillée nous fournit la plupart de nos cuirs ; enfin, plusieurs de ces animaux, pendant leur vie, nous servent de bêtes de somme.

C'est dans ce groupe qu'il faut placer le dromadaire, le chameau, le renne, le cerf, la girafe, le chamois, le bouquetin, la chèvre, la brebis, le bœuf, le bison et le buffle.

LE DROMADAIRE.

Le chameau proprement dit, caractérisé par les deux bosses qui surmontent son dos, ne se trouve guère que dans quelques endroits du Levant, tandis que le dromadaire, plus commun qu'aucune autre bête de somme en Arabie, se rencontre de même en grande quantité dans toute la partie septentrionale de l'Afrique qui s'étend depuis la Méditerranée jusqu'au fleuve Niger : on le voit encore en Egypte, en Perse, dans la Tartarie méridionale et dans les parties septentrionales de

FIGURE 42.

Le dromadaire ou chameau à une bosse.

l'Inde. Le dromadaire habite donc des terres immenses. Cet animal, quoique naturel aux pays chauds, craint cependant les climats où la chaleur est excessive; son espèce finit, où commence celle de l'éléphant, et elle ne peut subsister ni sous le ciel brûlant de la zone torride, ni dans les climats doux de notre zone tempérée. Il paraît être originaire d'Arabie, et par un don de la Providence, comme l'Arabie est le pays le plus aride, et où l'eau est le plus rare, le dromadaire est le plus sobre des animaux, et peut passer plusieurs jours sans boire : c'est aussi l'animal qui est le plus conforme à ce pays. Le terrain est presque partout sec et sablonneux; le dromadaire a les pieds faits pour marcher dans les sables; le bœuf manque à cette terre, le dromadaire le remplace.

Les Arabes regardent le dromadaire comme un présent du ciel, un animal sacré sans le secours duquel ils ne pourraient ni subsister, ni commercer, ni voyager. Le lait du dromadaire fait leur nourriture accoutumée; ils en mangent aussi la chair; le poil de ces animaux, qui est fin et moelleux et se renouvelle tous les ans par une mue complète, leur sert à faire des étoffes dont ils se vêtissent et se meublent; avec leurs dromadaires, non-seulement ils ne manquent de rien, mais même ils ne craignent rien; ils peuvent mettre en un seul jour cinquante lieues de désert entre eux et leurs ennemis : toutes les armées du monde périraient à la suite d'une troupe d'Arabes; aussi leur indépendance a-t-elle échappé jusqu'ici à tous les efforts de la civilisation. Qu'on se figure un pays sans verdure et sans eau, un soleil brûlant, un ciel toujours sec, des plaines sablonneuses, des montagnes encore plus arides sur lesquelles l'œil s'étend et le regard se perd, sans pouvoir s'arrêter sur aucun animal vivant; une terre morte et pour ainsi dire écorchée par les vents, laquelle ne présente que des ossemens, des cailloux desséchés, des rochers debout ou renversés, un désert entièrement découvert où le voyageur n'a jamais respiré sous l'ombrage, où rien ne l'accompagne, où rien ne lui rappelle la nature vivante : solitude absolue, mille fois plus affreuse que celle des forêts, car les arbres sont encore des êtres pour l'homme qui se voit seul; plus isolé, plus dénué, plus perdu dans ces lieux vides et sans bornes, il voit partout l'espace comme son tombeau ; la lumière du jour plus triste que l'obscurité de la nuit, ne renaît que pour éclairer sa nudité, son impuissance, et pour lui présenter l'horreur de sa situation, en reculant à ses yeux les barrières du vide, en étendant autour de lui l'abîme de l'immensité qui le sépare de la terre habitée, immensité qu'il tenterait en vain de parcourir, car la faim, la soif et la chaleur brûlante pressent tous les instans qui lui restent entre le désespoir et la mort. Cependant l'Arabe, à l'aide de son fidèle animal, a su franchir et même s'approprier ces lacunes de la nature. Les dromadaires sont élevés avec le plus grand soin. Peu de jours après leur naissance, il leur plie les jambes sous le ventre, il les contraint à demeurer à terre et les charge, dans cette situation, d'un poids assez fort qu'il les accoutume à porter, et qu'il ne leur ôte que pour leur en donner un plus fort ; au lieu de les laisser paître à toute heure et de les laisser boire à leur soif, il commence par régler leurs repas, et peu-à-peu les éloigne à de grandes distances en diminuant aussi la quantité de la nourriture ; lorsqu'ils sont un peu forts, il les exerce à la course, il les excite par l'exemple des chevaux, et parvient à les rendre aussi légers et plus robustes ; enfin, dès qu'il est sûr de la force, de la légèreté et de la sobriété de ses chameaux, il les charge de ce qui est nécessaire à sa subsistance et à la leur, il part avec eux. Est-il obligé de fuir, il monte sur l'un des plus légers, il conduit la troupe, la fait marcher jour et nuit presque sans s'arrêter, sans boire ni manger : il fait aisément trois cents lieues en huit jours, et peu—

dant tout ce temps de fatigue et de mouvement, il laisse ses chameaux chargés ; il ne leur donne chaque jour qu'une heure de repos et une pelotte de pâte : souvent ils courent ainsi neuf ou dix jours sans trouver de l'eau ; ils se passent de boire, et lorsque par hasard il se trouve une mare à quelque distance de leur route, ils sentent l'eau de plus d'une lieue. La soif qui les presse leur fait doubler le pas, et ils boivent en une fois pour tout le temps passé et pour autant de temps à venir ; car souvent leurs voyages sont de plusieurs semaines, et leur temps d'abstinence dure aussi long-temps que leurs voyages.

En Turquie, en Perse, en Arabie, en Égypte et en Barbarie, le transport des marchandises ne se fait que par le moyen des dromadaires. C'est de toutes les voitures la plus prompte et la moins chère ; les marchands et autres passagers se réunissent en caravanes pour éviter les insultes et les pirateries des Arabes. Ces caravanes sont souvent très nombreuses et toujours composées de plus de dromadaires que d'hommes. Chacun de ces dromadaires est chargé selon sa force ; il la sent si bien lui-même, que quand on lui donne une charge trop forte, il la refuse, et reste constamment couché jusqu'à ce qu'on l'ait allégé. Ordinairement les grands dromadaires portent un millier et même douze cents pesant, les plus petits six à sept cents. Dans ces voyages de commerce, on ne précipite pas leur marche ; comme la route est souvent de sept ou huit cents lieues, on règle leurs mouvemens et leurs journées : ils ne vont que le soir, et font chaque jour dix à douze lieues. Tous les soirs on leur ôte leur charge et on les laisse paître. Si l'on est en pays vert, dans une bonne prairie, ils prennent en moins d'une heure tout ce qu'il leur faut pour en vivre vingt-quatre et pour ruminer pendant toute la nuit : tant qu'ils trouvent des plantes à brouter, ils se passent très aisément de boire.

Au reste, cette facilité qu'ils ont à s'abstenir long-temps de boire n'est pas de pure habitude, c'est plutôt un effet de leur conformation. Il y a dans le dromadaire, ainsi que dans le chameau, indépen-damment des quatre estomacs qui se trouvent dans les animaux ruminans, une cinquième poche qui lui sert de réservoir pour conserver de l'eau ; ce réservoir n'existe que chez cet animal, il est d'une capacité assez vaste pour contenir une grande quan-tité de liquide ; il y séjourne sans se corrompre et sans que les autres alimens puissent s'y mêler, et lorsque l'animal est pressé par la soif, et qu'il a besoin de délayer les nourritures sèches et de les macérer par la rumination, il fait remonter dans sa panse et jusqu'à l'œsophage une partie de cette eau par une simple contraction des muscles. C'est donc en vertu de cette conformation très singulière que le dromadaire peut se passer plusieurs jours de boire, et qu'il prend en une seule fois une prodi-gieuse quantité d'eau qui demeure saine et limpide dans ce réservoir, parce que les sucs de la diges-tion ne peuvent s'y mêler.

En réunissant sous un seul point de vue toutes les qualités de cet animal et tous les avantages qu'on en tire, on ne peut s'empêcher de le reconnaître pour la plus utile et la plus précieuse de toutes les créatures subordonnées à l'homme. L'or et la soie ne sont pas les vraies richesses de l'Orient ; c'est le dromadaire qui est le trésor de l'Asie ; il vaut mieux que l'éléphant, car il travaille pour ainsi dire autant, et dépense peut-être vingt fois moins ; d'ailleurs l'espèce entière en est soumise à l'homme, qui la propage et la multiplie autant qu'il lui plaît, au lieu qu'il ne jouit pas de celle de l'éléphant qu'il ne peut multiplier, et dont il faut conquérir avec peine les individus les uns après les autres. Le dromadaire vaut non-seulement mieux que l'éléphant, mais peut-être autant que le cheval, l'âne, et le bœuf, tous réunis ensemble ; il porte seul autant que deux mulets ; il mange aussi peu que l'âne et se nourrit d'herbes aussi grossières. La femelle fournit du lait pendant plus de temps que la vache. La chair des jeunes dromadaires est bonne et saine; leur poil est plus beau, plus recherché que la plus belle laine : il n'y a pas jusqu'à leurs excrémens dont on ne tire des choses utiles ; car le sel ammoniac se fait de leur urine, et leur fiente desséchée sert à faire des mottes qui brûlent aisément, et donnent une flamme aussi claire et presque aussi vive que celle du bois sec ; cela même est encore un bienfait de la Providence dans ces déserts où l'on ne trouve pas un arbre, et où, par le défaut de combustibles, le feu est aussi rare que l'eau.

LE MUSC.

L'animal dont on retire la substance précieuse connue sous le nom de musc, se tient de préférence dans les lieux les plus inaccessibles, au sommet des montagnes. Ses mœurs ressemblent à celles du chamois et du bouquetin. Comme eux, il vit sur les rochers escarpés , et possède la même vigueur de jarret, la même facilité à conserver son équilibre au milieu des mouvemens les plus violens.

Le musc adulte a la taille du chevreuil, et il en a à-peu-près l'encolure ; son train de derrière est cependant plus élevé à proportion, ce qui l'aide encore à bondir ; son poil , rude et grossier , se rapproche assez de la nature des piquans.

La substance odorante est le produit d'une sécrétion qui n'existe que chez le mâle ; elle s'amasse dans une poche située sous l'abdomen , et comme ce parfum se vend toujours fort cher, les chasseurs, afin de n'en rien perdre , le livrent dans la bourse même, où il est naturellement contenu.

Le musc habite les sommets glacés des montagnes de l'Asie.

LE CERF.

Le cerf est caractérisé par son pelage brun fauve pendant l'été, et gris brun pendant l'hiver. Son bois paraît dès la seconde année ; d'abord sous la forme de dagues, il prend chaque année à sa face intérieure un andouiller de plus que les chasseurs désignent sous le nom de *cors*, il se couronne en outre d'une empaumure pointue. Les cornes tombent au printemps ; elles repoussent pendant l'été ; les cerfs vivent séparés pendant la mue ; immédiatement après ils s'accouplent. La femelle se nomme biche ; elle porte pendant huit mois et met bas au mois de mai un petit nommé faon, tacheté de blanc. Les cerfs ha-

FIGURE 43.

Le cerf.

bitent les forêts; l'hiver ils se réunissent en grandes troupes; leur bois, ainsi que celui de plusieurs es-pèces du même genre, sert à fabriquer des manches de couteaux.

FIGURE 44.

Le renne.

L'un des bienfaits les plus touchans de la Providence, est d'avoir placé dans chaque contrée des
animaux qui conviennent au sol et au climat, et permettent à l'homme de s'y établir Le chameau, ha-
bitant des sables brûlans de l'Afrique , sert à voyager à travers le désert ; dans les régions polaires ,
le renne est devenu l'animal domestique des Lapons.
Au milieu de ce climat glacé qui ne reçoit du soleil
que des rayons obliques , où la nuit a sa saison
comme le jour, où la neige couvre la terre dès le
commencement de l'automne jusqu'à la fin du printemps , où la ronce, le genevrier et la mousse font
la seule verdure de l'été , l'homme pouvait-il espé-

rer de nourrir des troupeaux ? Le cheval, le bœuf,
la brebis, tous nos autres animaux utiles ne peuvent y trouver leur subsistance ni résister à la rigueur du froid ; cette région serait donc restée inha-
bitée, si les Lapons ne possédaient le précieux animal
qui à lui seul leur tient lieu de bétail et suffit à tous
leurs besoins. Le renne leur sert de cheval pour tirer des traîneaux. La femelle fournit un lait sub-
stantiel : ils se nourrissent de sa chair ; leur poil
fait une bonne fourrure, et leur peau préparée fournit un cuir très solide et très durable : ainsi le renne
donne seul tout ce que nous tirons du cheval, du
bœuf et de la brebis.

Les régions voisines du cercle polaire arctique
nourrissent à-la-fois l'espèce privée et l'espèce sauvage : celle-ci ne diffère de la première que par la
force qui est plus considérable. Leur nourriture,
pendant l'hiver, consiste en une sorte de lichen
que ces animaux savent trouver sous la neige, en
fouillant avec leurs pieds. L'été, ils vivent de bour-
geons, de feuilles d'arbres et d'une espèce de rats
de montagnes appelés *lemmings*. A l'entrée de la
saison rigoureuse, ils prennent une robe d'une teinte
plus claire et qui devient en même temps plus
chaude ; aussi choisit-on cette époque pour tuer les
rennes dont la peau est destinée à fabriquer les
robes fourrées connues dans le commerce sous le
nom de lappmudes.

Pendant l'été, les rennes se retirent sur les montagnes où ils trouvent une température plus fraîche ; l'hiver ils vivent dans les bois et les maré-
cages ; les troupeaux domestiques émigrent également sur les hauteurs pour y passer les mois de
juin, juillet et août ; ils redescendent dans les plai-

nes un peu avant la chute des neiges, c'est-à-dire en septembre.

C'est lorsque le sol est entièrement couvert de neige, que les Lapons emploient ces animaux à tirer leurs traîneaux. Ces sortes de voitures ont cinq pieds de longueur sur une largeur de deux à trois pieds ; le dossier sur lequel s'appuie le voyageur est presque perpendiculaire ; un simple collier de peau où le poil est resté, forme tout l'attelage ; un trait descend vers le poitrail de l'animal, passe sous son ventre, entre ses jambes, et va se fixer à un trou pratiqué sur le devant du traîneau : le conducteur n'a pour guides qu'une seule corde attachée à la racine du bois, il la jette diversement sur le dos de la bête, tantôt d'un côté, tantôt de l'autre, selon qu'il veut la diriger à droite ou à gauche Le Lapon, chaudement vêtu, s'asseoit dans cette voiture et parcourt souvent de cette manière jusqu'à trente-cinq lieues en un jour. Il n'est pas rare de rencontrer sur les routes des caravanes formées de longues suites de traîneaux tirés chacun par un renne.

Le renne perd son bois tous les ans comme le cerf et se charge comme lui de venaison. La femelle porte huit mois ; son front est orné d'un bois comme le mâle : elle ne produit qu'un petit dont le poil, dans le premier âge, est d'abord d'un roux mêlé de jaune, et passe ensuite au brun noir. Chaque petit accompagne sa mère pendant deux ou trois ans ; ce n'est qu'à quatre ans révolus que ces animaux ont pris leur entier développement ; c'est aussi à cet âge qu'on commence à les dresser et à les exercer au travail. Les plus vifs et les plus légers sont réservés pour courir au traîneau, et les plus pesans pour voiturer les provisions et les bagages.

Les troupeaux de cette espèce demandent beaucoup de soins ; les rennes sont sujets à s'écarter et reprennent volontiers leur liberté naturelle ; il faut les suivre et les veiller de près ; on ne peut les mener paître que dans les lieux découverts ; et pour peu que le troupeau soit nombreux, on a besoin de plusieurs personnes pour le garder, pour le contenir, pour le rappeler, pour courir après ceux qui s'éloignent. Ils sont tous marqués afin qu'on puisse les reconnaître, car il arrive souvent ou qu'ils s'égarent dans les bois ou qu'ils passent à un autre troupeau ; enfin, les Lapons sont continuellement occupés à ces soins ; les rennes font toutes leur richesse, et ils savent en tirer toutes les commodités, ou pour mieux dire toutes les nécessités de la vie. Ils se couvrent depuis les pieds jusqu'à la tête de ces fourrures qui sont impénétrables au froid et à l'eau : c'est leur habit d'hiver ; l'été, ils se servent des peaux dont le poil est tombé ; ils savent aussi filer ce poil ; ils en recouvrent les nerfs qu'ils tirent du corps de l'animal et qui leur servent de cordes et de fil ; ils en mangent la chair, en boivent le lait dont ils font aussi des fromages très gras ; ce lait épuré et battu, donne, au lieu de beurre, une espèce de suif.

Le renne présente une singularité remarquable ; quand il court ou seulement précipite ses pas, les sabots de ses pieds font, à chaque mouvement, un bruit de craquement si fort, qu'il semble que toutes les jointures des jambes se déboîtent.

La durée de la vie du renne domestique n'est que de quinze ou seize ans, mais elle est plus longue dans le renne sauvage : on suppose qu'elle peut atteindre trente ans.

Les familles les plus riches de la Laponie possèdent des troupeaux de quinze cents à deux mille rennes. On calcule qu'il faut en avoir au moins trois cents pour vivre dans l'aisance, c'est-à-dire pour se procurer le fromage dont on a besoin et pouvoir manger de temps à autre une bête fraîche ; ceux qui n'ont que cinquante à soixante rennes sont réputés pauvres et doivent nécessairement réunir leur petit troupeau à celui d'une famille peu aisée, afin de se procurer de mutuelles ressources.

LA GIRAFE

La girafe est un des plus grands et des plus beaux animaux que l'on connaisse. Quoique le corps de ce mammifère paraisse disproportionné dans plusieurs parties, il frappe cependant les regards et attire l'attention par l'élégance de sa robe. Lorsqu'il est debout et qu'il relève la tête, la douceur de ses yeux annonce celle de son naturel ; il n'attaque jamais les autres animaux, et ce n'est que quand il est aux abois qu'il se défend avec les pieds, dont il frappe alors la terre avec violence.

Le pas de la girafe est un amble ; elle porte ensemble le pied de derrière et celui de devant du même côté, et dans sa démarche le corps paraît toujours se balancer. Lorsqu'elle veut précipiter son mouvement, elle ne trotte pas, mais galope en s'appuyant sur les pieds de derrière, et alors pour maintenir l'équilibre, le cou se porte en arrière lorsqu'elle élève ses pieds de devant, et en avant lorsqu'elle les pose à terre ; en général ses mouvemens ne sont pas très vifs.

Ces animaux sont fort doux. Dans leur état de liberté, ils se nourrissent des feuilles et des fruits des arbres, que par la conformation de leur corps et la longueur de leur cou, ils saisissent avec plus de facilité que l'herbe qui est sous leurs pieds, et à laquelle ils ne peuvent atteindre qu'en pliant les genoux.

Les girafes habitent uniquement dans les plaines; elles vont en petites troupes de cinq ou six et quelquefois de dix ou douze. On les trouve depuis le 28e degré de latitude méridionale jusqu'en Abyssinie et même dans la Haute-Egypte.

LE CHAMOIS ET LE BOUQUETIN.

Le bouquetin et le chamois que plusieurs naturalistes considèrent comme la souche primitive des chèvres, ne se trouvent que dans les lieux les plus sauvages et les plus escarpés des plus hautes montagnes; les Alpes, les Pyrénées sont les principaux endroits de l'Europe où l'on rencontre ces animaux. Bien qu'ils n'habitent tous deux que la région des neiges et des glaces, ils craignent aussi la rigueur d'un froid excessif; l'été, ils demeurent au nord de leurs montagnes, l'hiver ils descendent dans les vallons; l'un et l'autre marchent d'un pas ferme sur les aspérités que forme la neige. La chasse de ces deux ruminans, surtout celle du bouquetin, est très pénible et même souvent dangereuse, car lorsque l'animal se trouve pressé, il se précipite avec violence sur le chasseur et le renverse souvent au fond des abîmes; néanmoins malgré ces

périls , la chasse du chamois est toujours très suivie, à cause des bénéfices qu'elle procure par la
vente des peaux. Le nom de chamoiseurs sous lequel on désigne tous les apprêteurs de peau, semble indiquer qu'autrefois les peaux de chamois
étaient la matière principale qu'on travaillait dans
les fabriques, mais depuis que la guerre active qu'on
livre à ces animaux, les a rendus plus rares, on emploie concurremment les peaux de chèvres, de moutons, de cerfs, de chevreuils et de daims, et celles-ci
font aujourd'hui, plus que celles des chamois, l'objet du travail et du commerce des chamoiseurs.

FIGURE 45.

La chèvre.

La chèvre a , de sa nature , plus de sentiment et
d'instinct que la brebis : elle vient à l'homme
volontiers; elle se familiarise aisément; elle est sen-

sible aux caresses et capable d'attachement; elle est aussi plus forte, plus légère, plus agile et moins timide que la brebis ; elle est vive , capricieuse et vagabonde, ce n'est qu'avec peine qu'on la conduit et qu'on peut la réduire en troupeaux : elle aime à s'écarter dans les solitudes, à grimper sur les lieux escarpés, à se placer et même à dormir sur la pointe des rochers et sur le bord des précipices ; elle est robuste, aisée à nourrir, presque toutes les herbes lui sont bonnes, et peu l'incommodent. Plus rustique que la brebis, elle ne craint pas, comme elle, la trop grande chaleur; elle dort au soleil et s'expose volontiers à ses rayons les plus vifs, sans en souffrir, et sans que cette ardeur lui cause ni étourdissemens, ni vertiges : elle ne s'effraie pas de l'orage, ne s'impatiente pas à la pluie, mais elle paraît sensible à la rigueur du froid. Les mouvemens extérieurs sont aussi beaucoup plus vifs dans la chèvre que dans la brebis. L'inconstance de son naturel se marque par l'irrégularité de ses actions ; elle marche, elle s'arrête, elle court, elle bondit, elle saute , s'approche, s'éloigne , se montre, se cache ou fuit comme par caprice et sans autre cause déterminante que celle de la vivacité bizarre de son sentiment intérieur ; et toute la souplesse des organes, tout le nerf du corps suffisent à peine à la pétulance et à la rapidité de ses mouvemens.

Les chèvres portent cinq mois et mettent bas au commencement du sixième ; elles ne produisent ordinairement qu'un chevreau et quelquefois deux.

Elles trouvent aisément leur nourriture dans les bruyères, les friches, les terrains incultes et les terres stériles ; il faut les éloigner avec soin des endroits cultivés et les empêcher d'aller dans les blés, les vignes et les bois, car elles y commettent de grands dégâts ; elles sont surtout nuisibles aux taillis dont elles broutent avec avidité les jeunes pousses et les écorces tendres. Dans certaines contrées du midi de la France, elles sont un fléau pour l'agriculture, mais comme elles ne coûtent presque rien à nourrir et qu'elles donnent un produit considérable en chair, en suif, en poil, en peau, en lait et en fromages, il est bien difficile de restreindre les nombreux troupeaux qu'on y élève, et, par suite, les véritables intérêts de l'agriculture se trouvent sacrifiés.

LE BÉLIER ET LA BREBIS.

De tous les animaux mammifères, le bélier et la brebis sont ceux qui ont le moins de ressource et d'instinct. La brebis est absolument sans défense ; le bélier n'a que de faibles armes, et son courage n'est qu'une pétulance inutile pour lui-même, incommode pour les autres. Les moutons sont encore plus timides que les brebis. C'est par crainte qu'ils se rassemblent en troupeaux ; le moindre bruit extraordinaire suffit pour qu'ils se précipitent et se serrent les uns contre les autres, et cette crainte est accompagnée de la plus grande stupidité, car ils ne savent pas fuir le danger ; ils semblent même ne pas sentir l'incommodité de leur situation : ils restent où ils se trouvent, à la pluie, au vent, à la neige, ils y demeurent opiniâtrément, et pour les obliger à changer de lieu et à prendre une route, il leur faut un chef qu'on instruit à marcher le premier et dont ils suivent tous les mouvemens pas à pas : ce chef demeurerait lui-même avec le reste du troupeau, sans mouvement, dans la même place, s'il n'était chassé par le berger ou excité par le chien commis à leur garde, lequel sait, en effet, veiller à leur sûreté, les défendre, les diriger, les séparer, les rassembler et leur communiquer les mouvemens ou pour mieux dire l'énergie qui leur manque.

Mais ces animaux, si chétifs en eux-mêmes, si dépourvus de sentiment, si dénué de qualités intérieures, sont pour l'homme les animaux les plus précieux, ceux dont l'utilité est la plus immédiate et la plus étendue. Seuls, ils peuvent suffire aux besoins de première nécessité ; ils fournissent tout à-la-fois de quoi se nourrir et se vêtir, sans compter les avantages particuliers que l'on sait tirer du suif, du lait, de la peau et même des boyaux, des os et du fumier de ces animaux auxquels il semble que la Providence n'ait, pour ainsi dire, rien accordé en propre, rien donné que pour le rendre à l'homme.

La brebis porte pendant cinq mois et quelques jours, elle met bas un petit qu'elle allaite pendant 3 ou 4 mois : leur durée naturelle ne s'étend guère au-delà de huit ans.

LE BOEUF, LA VACHE, LE BISON ET LE BUFFLE.

Le bœuf ne convient pas autant que le cheval, l'âne, le chameau, pour porter des fardeaux ; la forme de son dos et de ses reins le démontre, mais la grosseur de son cou et la largeur de ses épaules indiquent assez qu'il est propre à tirer et à porter le joug. Il semble avoir été fait exprès pour la charrue ; la masse de son corps, la lenteur de ses mouvemens, le peu de hauteur de ses jambes, tout, jusqu'à sa tranquillité et à sa patience dans le travail, semble concourir à le rendre propre à la culture des champs, et plus capable qu'aucun autre de vaincre la résistance constante et toujours nouvelle que la terre oppose à ses efforts ; sous ce rapport, il est bien préférable au cheval qui n'exécute jamais aussi parfaitement ce travail pesant pour lequel il faut plus de constance que d'ardeur, plus de masse que de vitesse, et plus de poids que de ressorts.

Le bœuf ne doit servir que depuis trois ans jusqu'à sept ; on fera bien de le tirer alors de la charrue pour l'engraisser et le vendre, la chair en sera meilleure que si l'on attendait plus long-temps. On reconnaît l'âge de cet animal par les dents et par les cornes.

— La vache est en état de produire son veau dès l'âge de deux ans, mais en général, il vaut mieux attendre jusqu'à la fin de la troisième année, surtout lorsqu'on veut faire des élèves. Cet animal est peut-être après la brebis, celui qui donne le plus de bé-

néfices ; c'est un bien qui croît et se renouvelle à
chaque instant ; la chair du veau est aussi abon-

FIGURE 46.

Le bœuf.

dante que saine et délicate ; le lait est un aliment
de première nécessité, le beurre forme l'assai-

sonnement de la plupart de nos mets, le fromage la nourriture la plus ordinaire des habitans de la campagne : la vache est surtout à elle seule toute la ressource du pauvre.

FIGURE 47.

Le bison.

— Le bison, caractérisé par la bosse graisseuse qui surmonte son dos, est plus grand et plus fort que le bœuf ordinaire : il a près de dix pieds de la tête à la queue, et pèse de 1,500 à 2,000 livres. Sa tête est enveloppée d'une crinière épaisse qui lui donne un aspect féroce, et ne laisse à nu que le museau ; sous cette crinière se trouve une sorte de duvet dont on fabrique des étoffes en Amérique. La fourrure de ces animaux est l'objet d'un grand commerce ; légèrement chamoisée, elle est employée comme couverture pour les voyageurs, qui en garnissent leurs traîneaux.

LE BUFFLE.

Le buffle est originaire des contrées les plus chaudes de l'Afrique et des Indes, il a été naturalisé en Italie vers le septième siècle ; d'un naturel plus dur et moins traitable que le bœuf, il obéit plus difficilement ; il est plus violent ; toutes ses habitudes sont grossières et brutes ; sa figure est grosse et repoussante, son regard stupidement farouche. Il avance ignoblement son cou et porte mal sa tête presque toujours penchée vers la terre. Sa voix est un mugissement épouvantable d'un ton beaucoup plus fort et plus grave que celui d'un taureau. Il a aussi la peau plus épaisse et plus dure que le bœuf. Le lait de la femelle n'est pas aussi bon que celui de la vache ; mais en revanche le cuir de ces animaux est extrêmement précieux, il est solide, léger et presque imperméable. Comme les buffles sont, en général, plus grands et plus forts que les bœufs, on s'en sert utilement pour le labourage ; on leur fait traîner les fardeaux ; on les dirige et on les contient au moyen d'un anneau qu'on leur passe dans le nez : deux buffles attelés à un chariot, tirent autant que quatre forts chevaux ; comme leur cou et leur tête se portent naturellement en bas, ils emploient, en tirant, tout le poids de leur corps, et cette masse surpasse de beaucoup celle d'un cheval ou d'un bœuf de labour.

Le buffle existe à l'état demi sauvage en Italie; on pourrait l'acclimater dans certaines parties de la France.

CHAPITRE VIII

LES CÉTACÉS.

—

Les dauphins et les baleines appartiennent à cet ordre. Ces animaux, au premier aspect, semblent plutôt appartenir à la classe des poissons qu'à celle des mammifères, mais en les examinant avec attention, on voit qu'ils respirent par des poumons, ce qui les oblige à venir souvent à la surface de l'eau, que leurs petits naissent vivans, et qu'ils sont munis de glandes mammaires pour les allaiter. Les cétacés sont donc de véritables mammifères, mais qui, au lieu d'être organisés pour vivre sur terre, ont subi dans leur structure les modifications nécessaires pour les transformer en animaux aquatiques. C'est dans cet ordre que viennent se ranger les êtres les plus gigan-

tesques de la création. Tous nagent avec une facilité
extrême ; l'énorme quantité de graisse dont ils sont
chargés, aide à les soutenir dans l'eau ; leur queue,
longue et épaisse fait l'office d'une rame vigoureuse,
et la nageoire horizontale qui la termine leur est
d'un grand secours pour s'élever à la surface de
l eau , lorsqu'ils ont besoin de s'y rendre pour re-
nouveler la masse d'air nécessaire à leur respira-
tion. Tous habitent la mer.

LES DAUPHINS.

Ces animaux , célèbres par les fables dont on a
obscurci leur histoire, vivent en grandes troupes que
semblent diriger les dauphins les plus âgés. Ils montrent un grand attachement pour leurs petits. Dans
les longues traversées, on les voit souvent accompa-
gner le navire pour saisir les poissons que les débris jetés du bord y attirent ; ils se jouent sous la
proue, pendant qu'elle fend l'eau avec une grande
vitesse. C'est sans doute à cette habitude de suivre
les bâtimens que les dauphins doivent leur réputation d'attachement pour l'homme : les anciens en
avaient fait l'emblème de la prudence et de l'activité.
On rencontre ces animaux dans toutes les mers.

LA BALEINE.

L'espèce la mieux connue est la baleine franche.
Sa masse est énorme. On a calculé que le poids d'un

de ces animaux, long de soixante pieds seulement,
est d'environ soixante-dix tonnes et équivaut presque à celui de trois cents bœufs gras. Sa tête forme
à-peu-près le tiers de sa longueur. Ses mâchoires
ont vingt pieds de long et sa queue s'étend à dix-huit
pieds de large. La couche de lard qui enveloppe tout
son corps est souvent épaisse de plusieurs pieds et
donne une quantité immense d'huile, enfin ses fa-
nons, c'est-à-dire les grandes lames cornées qui s'é-
tendent de chaque côté de sa mâchoire, et lui servent
comme de vastes tamis pour retenir sa proie, ont de
trois à quinze pieds de long suivant les parties de la
bouche qu'ils occupent.

On n'a pas de notions précises sur la durée de la
vie de ces animaux, mais on sait qu'elle est très
longue et que leur nourriture principale consiste en
mollusques, crustacés et zoophytes si abondans dans
toutes les mers du nord et du sud, où les baleines se
tiennent de préférence et sont, en quelque sorte, con-
finées aujourd'hui. La femelle porte pendant neuf à
dix mois et ne produit qu'un seul baleineau à-la-fois,
lequel, en naissant, a près de quatorze pieds de
long. Sa mère lui est très attachée. Souvent on la voit
le soutenir sur ses nageoires, et lorsqu'il est attaqué
par les pêcheurs, elle le défend avec fureur, et plutôt
que de l'abandonner, se laisse tuer sans chercher à
fuir. La force de ces animaux est immense ; d'un seul
coup de queue ils peuvent lancer en l'air une chaloupe
chargée d'hommes, et lorsqu'ils sont percés par le
harpon, ils plongent avec tant de violence, que si
la corde fixée à cet instrument s'accroche au ba-
teau pêcheur, ils l'entraînent avec eux au fond de
la mer.

Jadis la baleine franche descendait jusque dans

nos mers, elle était commune dans le golfe de Gascogne ; mais la chasse active dont elle a été l'objet l'en a fait disparaître, et peu-à-peu elle s'est retirée devant le pêcheur dans les mers glacées du nord. La manière d'attaquer ces immenses cétacés est bien connue : Aussitôt que le matelot, placé en vigie au haut du mât, signale la découverte d'une baleine, les pêcheurs se jettent dans leurs barques et font, en silence, force de rames pour s'en approcher. L'un d'eux, debout à la proue, tient à la main un harpon dont le fer profondément bardé, est attaché à une forte corde de cent vingt brasses de long (environ six cents pieds) ; le harponneur de la première chaloupe qui arrive à portée de la baleine, lance son dard de façon à le faire pénétrer profondément et à le bien fixer dans le corps de l'animal qui, se sentant blessé, se tord quelquefois avec violence et agite sa puissante queue avec tant de force que si elle rencontre l'embarcation, elle la brise ou la lance en l'air. En général, cependant, la baleine plonge immédiatement, entraînant après elle la corde fixée au fer implanté dans ses chairs. Ce moment est extrêmement critique pour les pêcheurs. Si la ligne ne se déroulait pas assez vite et venait à s'accrocher, la baleine submergerait la chaloupe et tout son équipage, et on a vu quelquefois des matelots dont le corps se trouvait pris dans une anse de cette corde, presque coupés en deux et lancés dans la mer pour ne jamais reparaître à sa surface. La rapidité avec laquelle l'animal fuit, est telle que la corde en frottant sur le bord de la chaloupe, produit une fumée épaisse et prendrait feu si on n'avait soin de l'arroser sans cesse. Lorsque la première ligne est presque déroulée, les pêcheurs y attachent une seconde, puis une troisième ligne et ainsi de suite jusqu'à ce qu'ils aient employé tout ce qu'ils avaient à bord et tout ce que les autres chaloupes ont pu leur fournir. La longueur de la ligne qu'ils mettent ainsi dehors, dépasse quelquefois dix mille pieds; cependant, elle ne suffit pas toujours, et il arrive qu'ils sont obligés de la lâcher et d'abandonner toute cette masse de cordages ainsi que leur harpon, tant la baleine prolonge sa fuite sans remonter à la surface. Quelquefois l'animal reste sous l'eau pendant plus d'une demi-heure; mais le besoin de respirer le force alors de revenir à la surface, et les pêcheurs qui se sont dispersés pour être plus à portée de le frapper, cherchent alors à implanter dans son corps un second harpon ou à le percer avec des lances.

Lorsque la baleine remonte ainsi, elle est ordinairement dans un état d'épuisement extrême, et, à mesure que son sang s'écoule, elle s'affaiblit davantage; souvent, lorsque la mort s'approche, elle fait un dernier et terrible effort, élève sa queue au-dessus de l'eau et l'agite d'un mouvement convulsif qui se fait entendre à une distance de plusieurs milles. Enfin, succombant tout-à-fait, elle se couche sur le flanc et expire. Les pêcheurs se hâtent alors de percer sa queue et d'y attacher des cordes à l'aide desquelles ils fixent au flanc de leur navire cette immense carcasse, puis, armés d'énormes couteaux et d'un instrument qui ressemble à une grande bêche, ils descendent dessus et enlèvent par tranches le lard que l'on dépose dans des barils pour être fondu lors du retour. Une seule baleine donne quelquefois jusqu'à 25 ou 30 tonnes d'huile (environ 24 ou 30 hectolitres), mais comme on en pêche un plus grand nombre de petites que de très grosses, on est loin de retirer de toutes une quantité aussi considérable.

FIN DES MAMMIFÈRES.

TABLE DES MATIÈRES.

FIN DE LA TABLE.

NOUVEAU SPECTACLE

DE LA NATURE

Dix Volumes grand in-18

ORNÉS DE 300 VIGNETTES GRAVÉES PAR PORRET

TITRES DES OUVRAGES

1 L'HOMME. . . . . 1 vol.
2 PHYSIQUE DU GLOBE. . . . 1 vol.
3 ASTRONOMIE. . . . . . . 1 vol.
4 GÉOLOGIE. . . . . 1 vol.
5 MAMMIFÈRES. . . . . . . 1 vol.
INSECTES. . . . . 1 vol.
OISEAUX. . . . . 1 vol.
BOTANIQUE. . . . . 1 vol.
MOLLUSQUES. . . . . . . 1 vol.
REPTILES ET POISSONS. . 1 vol.

Chaque volume se vend séparément.

Imprimerie de H. Fournier et Comp., rue de Seine, 14.